LA EVOLUCIÓN HUMANA

CÓMO HEMOS LLEGADO HASTA HOY

Natalia Pérez Campos

LIBSA

© 2022, Editorial Libsa
Puerto de Navacerrada, 88
28935 Móstoles (Madrid)
Tel.: (34) 91 657 25 80
e-mail: libsa@libsa.es
www.libsa.es

ISBN: 978-84-662-4056-7
Textos: Natalia Pérez Campos
Edición: Equipo editorial Libsa
Diseño de cubierta: Equipo de diseño Libsa
Maquetación: Peñalver Madrid, Diseño y Maquetación
Fotografías e ilustraciones: Shutterstock Images, Gettyimages y
archivo Libsa

DL: M 24034-2021

AGRADECIMIENTOS
Al Dr Daniel García Martínez por su guía en este proyecto a la par que su colaboración a la
paleoantropología tanto en el descubrimiento de *Homo naledi* como en la investigación de la
anatomía de los neandertales.

A mi familia que me han apoyado durante mi carrera. Mis amigos, que me han animado a seguir con
mis proyectos. A mi pareja, por la gran motivación y el respaldo durante todo el trabajo realizado.

A todos, gracias por haber hecho posible que haya recorrido este camino para que el manuscrito de
este libro pudiera salir adelante.

CONTENIDO

LA HISTORIA DE LA TIERRA EN PIEDRA

Hagamos memoria un momento. ¿Qué recordamos de nuestros abuelos? ¿Bisabuelos? ¿Tatarabuelos? Probablemente nuestra memoria alcance a los primeros y se empiece a diluir en adelante. Si quisiéramos saber más sobre nuestro origen, recurriríamos a los registros escritos: partidas de nacimiento, documentos, relatos familiares, etc. Podríamos trepar por nuestro árbol genealógico siglos atrás hasta que ningún testimonio hablase de nuestros ancestros más lejanos. Pero, ¿qué hacemos cuando el propio registro de nosotros mismos acaba?

Podríamos pensar que es información perdida y que nunca lo sabremos, aunque, cuando se trata de nuestra historia remota, existe un pequeño secreto a voces: la Tierra tiene complejo de bibliotecaria. De una forma u otra, acaba guardando información de lo que le ha pasado a sí misma. Sin embargo, le gusta darse aires de misteriosa, y es que solo nos cuenta su historia si sabemos buscar de forma apropiada.

Hagamos una pequeña excursión. Vamos a dar un paseo por el campo en grupo a través de un hermoso valle fluvial. De repente, encontramos un barranco con un gran cortado. La tierra se abre exponiendo su interior a nuestros ojos. Uno de nuestros compañeros se queda atrás, mirando confundido una pared de roca. Curiosos, nos acercamos a mirar. Al llegar, descubrimos el origen de su asombro: hay caracolas en la pared. Nos empezamos a preguntar qué hace eso ahí ya que el mar está a kilómetros de distancia. Comenzamos todos a debatir el origen de esos restos.

Un compañero dice que nos lo estamos imaginando y que eso solo son piedras que se asemejan a esos organismos marinos. Pero el parecido es tan perfecto que cuesta creerlo. Otro dice que alguien las ha esculpido aposta en la roca, ya sea con el motivo de hacer una obra de arte o gastar una broma. Sin embargo, el pueblo más cercano está a un buen trayecto en coche y no se ve ninguna marca de cincel o impresión humana. ¿Será posible que eso sean animales marinos de verdad?

Nos aventuramos a tocar una y nos damos cuenta de que tiene el mismo relieve que las caracolas que hemos visto en la playa. Sin embargo, están profundamente incrustadas en la roca endurecida y tienen su mismo color y una textura parecida. Casi

Pared de restos marinos fosilizados en Paracas, Perú.

FOSILIZACIÓN

La fosilización es el proceso mediante el cual se forma un fósil.
Cuando un organismo muere (1), sus restos se descomponen y disgregan rápidamente por la acción de las bacterias, otros animales, el viento, la lluvia, o las olas del mar y los huesos se convierten en fósiles (2). La acumulación de capas de sedimentos se endurecen y se vuelven rocas que presionan el esqueleto (3). Los movimientos de la tierra elevan las capas de rocas que contienen los fósiles que son erosionadas o plegadas (4), quedando los restos al descubierto y siendo localizados por los paleontólogos (5).

como si se hubieran petrificado. Entonces, uno de nosotros, el más creativo o loco, según se mire, dice: «¿Y si el mar estuvo antes aquí?»

De repente, esa idea parece encajar. Al igual que un bosque cambia con el paso de los años, la Tierra también lo hace. ¿Podrían proceder esas caracolas de una inundación? Más bien, esa zona antes estuvo bajo el mar, el punto de origen de todas las cuencas sedimentarias. El suelo que pisamos antes era el lecho del mar y esas caracolas vivían alegremente ahí. Pero, en algún momento, estas quedaron enterradas y se preservaron sus valvas. Su capa original o estrato, quedaría cubierta por otras muchas más de diverso contenido y materiales. Estas se irían acumulando unas encima de otras, como páginas de un libro. Finalmente, el mar se retiró y un río atravesó la tierra dejando al descubierto esta pared de rocas con el capítulo

oculto de la historia de la zona que estamos visitando.

¿Pero cuántos años tienen esas caracolas? ¿Cómo es posible que se conserve un organismo durante tanto tiempo? La respuesta tiene trampa y es que un resto de un organismo momificado o enterrado no se conserva eternamente. Puede permanecer cientos e incluso miles de años (sobre todo si son partes duras como huesos o conchas), pero finalmente acabará descomponiéndose. A menos que suceda la magia oculta de la Tierra: la fosilización.

Los fósiles son parte de la biblioteca de la Tierra. Son los restos de organismos vivos que existieron en el pasado, ya sean sus partes corpóreas como signos de su actividad: huellas, galerías de túneles, impresiones de su piel... El caso es que un hueso de dinosaurio tiene poco de hueso y más

Fósil de un diente de tiburón extinto, el *Carcharocles megalodon*, del Cenozoico.

Amonites fosilizadas. Grandes moluscos marítimos que poblaron los océanos desde hace unos 400 millones de años (desde el Devónico medio hasta el Cretácico).

de piedra, pues ha pasado por un proceso por el cual la materia orgánica que lo conformaba se ha transformado en mineral. Lo que significa que en los museos no hay huesos, sino piedras con forma de hueso. Pero justo ahí está su importancia y es que una piedra dura mucho más que cualquier hueso. De hecho, tenemos incluso fósiles que datan de los mismos principios de la vida en la Tierra, nada más y nada menos que 3500 millones de años de antigüedad.

Gracias a los fósiles y otras ramas importantes de la biología evolutiva, hemos conseguido recuperar restos de nuestros antepasados más lejanos y situarnos a nosotros mismos dentro del enorme árbol genealógico de la vida. ¿Pero cómo hemos llegado hasta aquí?

A lo largo de la historia se han llegado a hipótesis muy parecidas a las que formulaban nuestros compañeros imaginarios anteriormente. Algunos decían que esas formaciones las esculpió Dios, otros que la misma roca tenía la curiosa propiedad de adoptar formas caprichosas. De hecho, dado el desconocimiento de la época, se buscaban similitudes entre esos fósiles y elementos conocidos. Así, se llamaban «lenguas de piedra» a los fósiles de dientes de tiburón o «cuernos de Amón» a los de ammonites, pues se pensaba que aquellos moluscos de concha espiral eran cuernos de carnero del dios mitológico.

Sin embargo, poco a poco nos dimos cuenta de que esos restos verdaderamente tenían origen orgánico y así, surgió una ciencia que uniría a la Geología y la Biología para siempre: la Paleontología. La Paleontología es la ciencia que se encarga del estudio de los restos fósiles. Por ella sabemos cómo se originan, dónde se sitúan, los distintos procesos que los forman, cómo se conservan y lo más importante, qué nos dicen. La Tierra nos cuenta su propia historia y es que los fósiles son evidencias directas de que no siempre han existido los mismos organismos en este planeta. Son pruebas irrefutables de la extinción y la evolución. Gracias a ellos y a aquellos que saben desvelar sus misterios, estamos consiguiendo reconstruir el árbol de la vida en la Tierra. Y no solo eso, sino que podemos hacernos una idea bastante acertada de cómo ha sido nuestro planeta a lo largo de su existencia, de cómo han cambiado sus climas, continentes y océanos y cómo ha reaccionado la vida en consecuencia. De esta forma, se ha descubierto cómo eran nuestros ancestros. Ahora, por fin, podemos completar los huecos y saber de dónde venimos.

¿Pero de verdad pueden existir evidencias tan antiguas de un ser vivo? ¿Cómo es posible saber la edad de las rocas? Parece algo de ciencia ficción, pero no lo es. Y eso lo descubriremos en el siguiente apartado de este libro.

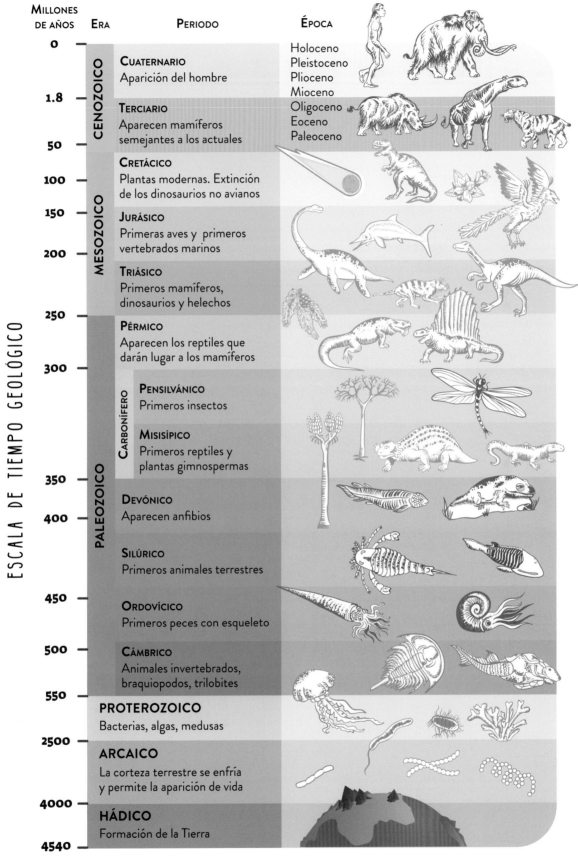

ESCALA DE TIEMPO GEOLÓGICO

MILLONES DE AÑOS	ERA	PERIODO	ÉPOCA
0			
	CENOZOICO	**CUATERNARIO** Aparición del hombre	Holoceno Pleistoceno Plioceno Mioceno
1.8		**TERCIARIO** Aparecen mamíferos semejantes a los actuales	Oligoceno Eoceno Paleoceno
50			
100	MESOZOICO	**CRETÁCICO** Plantas modernas. Extinción de los dinosaurios no avianos	
150		**JURÁSICO** Primeras aves y primeros vertebrados marinos	
200		**TRIÁSICO** Primeros mamíferos, dinosaurios y helechos	
250	PALEOZOICO	**PÉRMICO** Aparecen los reptiles que darán lugar a los mamíferos	
300		**CARBONÍFERO** — **PENSILVÁNICO** Primeros insectos	
		MISISÍPICO Primeros reptiles y plantas gimnospermas	
350			
400		**DEVÓNICO** Aparecen anfibios	
450		**SILÚRICO** Primeros animales terrestres	
		ORDOVÍCICO Primeros peces con esqueleto	
500		**CÁMBRICO** Animales invertebrados, braquiopodos, trilobites	
550		**PROTEROZOICO** Bacterias, algas, medusas	
2500		**ARCAICO** La corteza terrestre se enfría y permite la aparición de vida	
4000		**HÁDICO** Formación de la Tierra	
4540			

REGISTRO FÓSIL: EL ARCHIVO DE LA TIERRA

Llamamos «registro fósil» al conjunto de todos los fósiles que se han originado en la historia de la Tierra. Es un enorme archivo que representa a los organismos que vivieron en el pasado de nuestro planeta. La pena es que no todos los seres vivos consiguen dejar su huella en él y solo muestra una parte de todo lo que fueron los ecosistemas antiguos. Más aún, sabiendo que el 99 % de todas las formas de vida que han existido a lo largo de la historia están extintas. Y es que, por desgracia, la fosilización es un proceso poco común.

La gran pregunta es: ¿cuántas especies o ejemplares han escapado de su registro en el archivo? Es una ardua estimación. Sin embargo, llevamos siglos desenterrándolos y prácticamente cada día surge un nuevo descubrimiento paleontológico.

TIPOS DE FOSILIZACIÓN

Un resto orgánico puede fosilizar dejando distintos tipos de fósiles: un **molde externo** se genera cuando el sedimento que envuelve el organismo toma la forma externa del mismo. De esta manera, si finalmente el animal se descompone por completo, deja su impresión en la roca e incluso puede dejar una cavidad vacía que posteriormente es rellenada por otro material creando un **molde interno**.

El primero nos mostraría la textura en relieve negativo y el segundo sería una réplica del resto hecha de sedimento. Por este proceso surgen las huellas fosilizadas o icnitas. Una huella queda enterrada y se rellena de otro material. Al desenterrarla se encuentra el relleno (contramolde) y la propia huella.

La **mineralización** es otro tipo de fosilización y es la que genera los fósiles más espectaculares. Supone la sustitución de la materia orgánica del organismo por materia inorgánica, molécula a molécula. En consecuencia, se genera una réplica exacta en piedra del organismo que una vez estuvo allí. Así, se conservan con gran detalle las estructuras anatómicas de los ejemplares. La mayoría de los esqueletos que hay en los museos pertenecen a este tipo de fosilización al igual que aquellos restos que encontramos dentro de ámbar, el cual no deja de ser resina fósil.

A la vista de los hechos, es necesario recalcar que los fósiles contienen poco o nada de materia orgánica del ser vivo que los originó. Son una

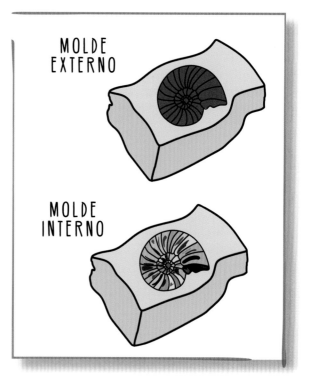

MOLDE EXTERNO

MOLDE INTERNO

Huellas de dinosaurios en el desierto de Namibia. *Es un ejemplo de fósil indirecto, que nos da información del comportamiento y modo de vida de los seres que los produjeron.*

Fósil de crinoideo, un tipo de equinodermo sésil. *Ejemplo de fósil directo.*

réplica, un registro de su paso por la Tierra. Y ese registro es el que permite el estudio de la vida en el pasado, la Paleontología.

QUÉ PUEDE FOSILIZAR

Los restos fósiles suelen dividirse en restos directos e indirectos.

Los **restos directos** son aquellos que pertenecen a una parte corpórea del organismo. Son útiles para reconstruir su anatomía y fisiología. Aquí se engloban los esqueletos, caparazones, conchas, hojas, troncos, etc. Aunque lo más común sea la conservación de las partes duras como los huesos, realmente cualquier estructura es susceptible de fosilizarse. Existen fósiles excepcionales donde se han conservado estructuras blandas como el contenido estomacal o la grasa. Incluso se han llegado a encontrar moléculas orgánicas fragmentadas de forma insólita. Esta singular conservación se hace aún más evidente en la siguiente categoría.

Los **restos indirectos** son indicios de actividad de los organismos que han quedado preservados. Al interactuar entre ellos y con su entorno, los seres vivos pueden dejar marcas que podrían conservarse y fosilizar. Desde huellas del paso de

un animal, pasando por huevos, marcas de dientes e incluso mudas de artrópodos. Estos fósiles son especialmente importantes a la hora de estudiar el comportamiento animal.

SESGOS DEL REGISTRO

A la vista de todos estos procesos, no es difícil deducir que la fosilización es compleja y necesita de miles e incluso millones de años. Asimismo, la mayoría de los fósiles se fragmentan por movimientos tectónicos, erosión u otras fuerzas naturales, por no mencionar la acción humana. Por esa razón, el archivo de la Tierra tiene huecos, sesgos que los paleontólogos se esfuerzan por rellenar. Ya sea encontrando todos los fósiles que puedan o utilizando técnicas como la anatomía comparada o la genética, poco a poco se van completando las piezas del puzle. (*Véase* el capítulo Un puzzle de huesos, en pág. 49).

IMPORTANCIA EN LA BIOLOGÍA EVOLUTIVA

Sea como fuere, los fósiles nos permiten visualizar cómo eran los antepasados de los organismos actuales y cómo eran los ecosistemas de la Tierra. Así, viajamos en el tiempo conociendo los linajes de faunas y floras extintas e incluso descubrimos cómo era el género *Homo* y sus predecesores.

EVOLUCIONISMO CONTRA CREACIONISMO

El filósofo griego Anaximandro.

Durante siglos se ha venido planteando la pregunta de si los seres vivos eran inmutables desde su creación o si, por el contrario, cambiaban con el tiempo originando nuevas variantes de sí mismos. La idea del cambio, de la evolución de los organismos, ya encontró sus primeros pensadores en la Grecia Clásica. Filósofos como Anaximandro, ya en el siglo VI antes de nuestra era (a. e. c.), planteaban que unos seres surgían de otros, que los hombres eran descendientes de los peces. Sin embargo, la tradición judeocristiana estableció un nuevo paradigma, según el cual todo se origina y desemboca en Dios.

EL CREACIONISMO

La doctrina creacionista asegura que Dios es el ente creador. En «Su» Creación había otorgado a todos los seres vivos el reflejo de su absoluta perfección y así se mantenían sin ningún cambio. En este punto entra en juego el concepto del diseño inteligente: al igual que un ingeniero proyecta una máquina, los seres vivos son creados por Dios y funcionan como un reloj. Esta idea implica que hay poco o nada de azar en los organismos y que absolutamente todo en ellos es parte de un plan divino fijo e inmutable.

Además, las primeras dataciones de la edad de la Tierra se basaban en la propia Biblia; se solía fijar el nacimiento de la Tierra en torno al 4000 a. e. c. Una Tierra joven suponía que todo se originó en un acontecimiento repentino, sobrenatural, la Creación. Procesos que requirieran generaciones y generaciones, como el planteamiento evolutivo sugería, no eran posibles. Sin embargo, se fue descubriendo que la Tierra tenía una antigüedad mucho mayor de lo que se había pensado y empezaron a surgir las primeras ideas evolucionistas.

Georges Louis Leclerc (1707-1788), conde de Buffon, fue de los primeros en dar una edad a la Tierra, sin seguir los textos bíblicos y mediante experimentos físicos. Utilizando esferas de distintos materiales, las calentaba y medía el tiempo que necesitaban para enfriarse. Con estos datos, llegó a la conclusión de que la Tierra tenía una antigüedad de 75 000 años. Estas conclusiones no pasaron desapercibidas para la Iglesia y Buffon tuvo que retractarse a pesar de que datos posteriores le sugerían que la Tierra era más antigua de lo que él anunció en principio.

EVOLUCIONISMO

El conde de Buffon no solo hizo grandes aportaciones a la Geología, sino que sugirió que algunas especies podían incorporar mejoras o degenerar al enfrentarse a distintos ambientes. Sin ser evolucionista, Leclerc fue el padre del transformismo, de la idea de que los organismos cambian.

Estas aportaciones influirían en el naturalista francés Georges Cuvier (1769-1832). Cuvier había estudiado detenidamente la anatomía de distintos fósiles. Se dio cuenta de que el esqueleto de los animales fosilizados tenía estructuras y formas reconocibles en los esqueletos de animales modernos. Así fue como se estableció el concepto de extinción, de la desaparición permanente de especies. Dicho fenómeno indicaba que en la Tierra no siempre han existido los mismos organismos y que su desaparición podría deberse a catástrofes naturales.

Pata de un avestruz actual con su enorme garra.

Huella fosilizada de un dinosaurio.

Jean-Baptiste Lamarck.

Las primeras teorías del cambio de los organismos comenzaron a asentarse y en la misma época en que Cuvier presentó sus ideas, otro naturalista francés intentó explicar cómo se originan nuevas especies.

Jean-Baptiste Lamarck (1744-1829) desarrolló la teoría de los caracteres adquiridos o lamarckismo. En un mundo donde el creacionismo era un dogma, se atrevió a afirmar que los seres vivos sí se transforman a lo largo de las generaciones.

Según Lamarck, una serpiente procedería originalmente de un lagarto. Ese lagarto empezó en algún momento a meterse en madrigueras y a desplazarse entre la maleza. En este contexto, las patas le estorbaban más que servirle de ayuda, y a lo largo de su vida las iría atrofiando para introducirse mejor por los recovecos. Esas patas más cortas las transmitiría a sus descendientes y, poco a poco, con el paso de las generaciones, habría lagartos sin patas. Un individuo, a lo largo de su vida, ha ido desarrollando o atrofiando un órgano por el uso o la falta de uso, como el ejemplo inferior de la jirafa. En consecuencia, esa función se pasa a sus descendientes, dándose así cambios morfológicos suficientes para generar nuevas especies.

Incluso aunque hoy en día la explicación de Lamarck parezca tener sentido, sabemos que es errónea. A Lamarck le faltó saber lo mismo que intrigó siempre a Charles Darwin, es decir, cómo se transmite esa información. Pero el ADN aún no se conocía y se daba la explicación más ceñida a la realidad de la que se disponía.

Sea como fuere, la teoría de Lamarck asentó las bases para futuras explicaciones. Por fin, se empezó a debatir sobre el paradigma religioso. La confrontación entre el dogma sagrado y la investigación científica alcanzó su cenit como consecuencia del trabajo de un joven naturalista británico que, durante una expedición científica alrededor del mundo, llegó a las islas Galápagos en 1835.

Imagen comparativa de la teoría de la evolución de Lamark (en la fila superior) frente a la de Darwin (en la fila inferior).

Charles Darwin.

LAS ISLAS DE LAS TORTUGAS

En 1831 partió de las costas inglesas el bergantín *Beagle* con la misión de cartografiar el litoral sudamericano y estudiar las corrientes oceánicas. A bordo del Beagle se encontraba un joven naturalista, llamado Charles Darwin (1809-1882), que tenía el encargo de estudiar la geología de los lugares por los que pasara la expedición, además de recoger muestras de plantas, animales e incluso fósiles. Este viaje, y especialmente una de sus escalas, daría sentido al resto de su vida.

El 15 de septiembre de 1835 el navío alcanzó el archipiélago de las Galápagos. Estas islas fascinaron a Darwin por su naturaleza volcánica y, aún más, por sus habitantes: tortugas gigantes, iguanas marinas, pingüinos... y unos pequeños pájaros conocidos como pinzones.

En el continente sudamericano cercano al archipiélago existía una especie de pinzón muy similar a todas las que Darwin identificó, pero había diferencias notables entre todos aquellos pinzones insulares y el que habitaba el continente.

Estas aves tenían la peculiaridad de tener picos completamente distintos en cada isla; de hecho, todas las islas contaban con sus especies características. Cada pinzón tenía un pico especializado que le permitía aprovechar los distintos recursos de las diferentes islas. ¿Pero de dónde surgían tantas especies distintas y a la vez tan similares? ¿Era posible que todas ellas procediesen del pinzón continental, que en algún momento colonizó el archipiélago?

El 20 de octubre de 1835 Darwin abandonó las islas. A su vuelta a Inglaterra un año después comenzó a ordenar toda la información obtenida en su viaje y la estudió detenidamente.

EVOLUCIÓN ADAPTATIVA

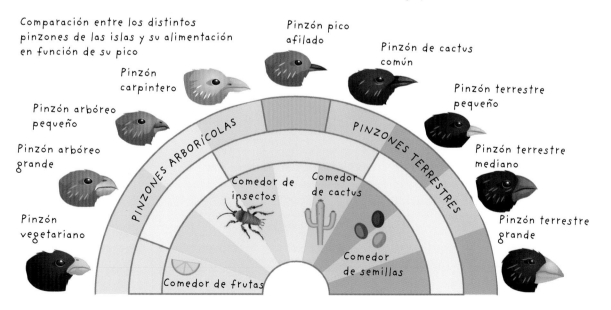

Comparación entre los distintos pinzones de las islas y su alimentación en función de su pico

Pinzón pico afilado

Pinzón de cactus común

Pinzón carpintero

Pinzón terrestre pequeño

Pinzón arbóreo pequeño

Pinzón arbóreo grande

Pinzón terrestre mediano

Pinzón vegetariano

Pinzón terrestre grande

PINZONES ARBORÍCOLAS

PINZONES TERRESTRES

Comedor de insectos

Comedor de cactus

Comedor de frutas

Comedor de semillas

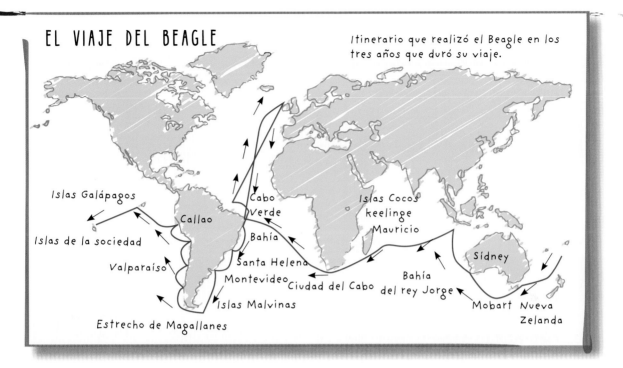

EL VIAJE DEL BEAGLE

Itinerario que realizó el Beagle en los tres años que duró su viaje.

Islas Galápagos

Islas de la sociedad

Valparaíso

Callao

Cabo Verde

Bahía

Santa Helena

Montevideo

Islas Malvinas

Estrecho de Magallanes

Ciudad del Cabo

Islas Cocos keelinge

Mauricio

Bahía del rey Jorge

Sídney

Mobart

Nueva Zelanda

Tras numerosos experimentos y estudios independientes, Darwin empezó a sacar conclusiones, pero lo hacía muy lentamente y no se decidía a dar a conocer sus hallazgos, hasta que le llegó la noticia de que otro naturalista, Alfred Russel Wallace había llegado a observaciones similares a las suyas. Finalmente, Darwin publicó, el 29 de noviembre de 1859, *El origen de las especies*, libro en el que planteaba su teoría de la selección natural.

LA SELECCIÓN NATURAL

Observemos por un momento un grupo de conejos. Pertenecen a la misma especie y coinciden en el espacio y el tiempo. Esto les permite reproducirse entre ellos, con lo cual constituyen una población de la especie conocida como *Oryctolagus cuniculus*, el conejo europeo. Esta población comienza a crecer y aparecen ejemplares distintos entre sí: unos pardos y algunos blancos. Todos estos conejos distintos se alimentan y procuran su supervivencia. Sin embargo, un águila se precipita del cielo. Ha elegido a su víctima, la más fácil de ver, un conejo blanco, y ha pasado por alto a todos los pardos. Como consecuencia, en la población empieza a haber cada vez menos conejos blancos y los

supervivientes pardos consiguen reproducirse. De esta forma, la siguiente generación tiene más posibilidades de heredar ese rasgo que les ha permitido sobrevivir a sus padres lo suficiente para procrear. Por lo tanto, nos encontramos ante un proceso de selección de organismos. Aquellos originados en la reproducción sufren un proceso de selección debido a las condiciones adversas del medio. De esta forma, poco a poco se generan cambios graduales en esa población que podrían dar lugar a una especie distinta. El cambio gradual y la reproducción sugieren que todas las especies se originan de otras anteriores y que, al igual que un árbol genealógico familiar, todos los descendientes proceden de un antecesor común.

OPOSICIÓN

La obra de Darwin causó un enorme revuelo y se convirtió en objeto de burla para muchos opositores a su teoría. Ahora todos los organismos compartían un mismo origen común, lo que implicaba que éramos un eslabón más y no la cima de la pirámide. Y, concretamente, nosotros, los humanos, estábamos cercanamente emparentados con simios como los chimpancés. Esto fue como una bofetada en pleno rostro para los defensores del dogma eclesiástico.

EVOLUCIÓN ADAPTATIVA

Los defensores de la teoría de Darwin tuvieron más de un enfrentamiento con la Iglesia, que no aceptaba cambio alguno en su dogma creacionista.

Incluso en 1860 tuvo lugar un debate en el Museo Universitario de Historia Natural de Oxford donde se reunieron científicos y eclesiásticos con el fin de discutir la reciente publicación de Darwin. Este evento es particularmente famoso por la discusión entre Thomas Huxley, un joven biólogo defensor de Darwin, y Samuel Wilberforce, obispo de Oxford. Según se dice, en un momento determinado el obispo se mofó de Huxley por tener antepasados pertenecientes a la estirpe inferior de los simios. Entonces Huxley contestó: «Si la pregunta es si dándome a elegir preferiría tener como abuelo a un miserable simio o a un hombre superdotado por la naturaleza y poseedor de gran influencia y, aun así, emplea estas facultades con la intención de ridiculizar en una importante discusión científica, sin duda alguna, afirmaría mi preferencia por el simio».

¿POR QUÉ NO ES SOLO UNA TEORÍA?

Cuando lanzamos una idea o explicación de un suceso sin tener pruebas concluyentes, solemos afirmar que «tenemos una teoría». Sin embargo, en realidad queremos decir que lo que tenemos es una hipótesis. Una hipótesis es una idea o posible explicación que se da a un fenómeno observado. Pero para confirmar que sea cierta o no, es necesario realizar experimentos que demuestren que esa idea es cierta de forma objetiva. Estos experimentos deben ser replicables por cualquiera con el material necesario para poder verificar que la hipótesis se cumple. Una teoría es, pues, un conjunto de hipótesis bien contrastadas que dan explicación a determinados fenómenos naturales.

En una teoría no se cree. Creer en la ciencia es lo mismo que decir que creemos que el cielo es azul. Es un hecho irrebatible a menos que se aporten datos nuevos que demuestren que estamos equivocados. Pero por el momento nadie niega que el cielo sea azul. De esta manera, una teoría explica el cómo y el porqué de un fenómeno. No es lo mismo que una ley, ya que esta registra la existencia de dicho fenómeno, normalmente bajo la forma de una ecuación matemática, como es el caso de la ley de la gravedad.

INTEGRANDO LA GENÉTICA EN LA TEORÍA DE DARWIN

Todas las teorías y planteamientos evolutivos necesitaban una última explicación que les diese sentido: ¿cómo se transmite la información entre generaciones? Darwin, al igual que muchos de sus contemporáneos, pensaba que se heredaba a través de la sangre. Sin embargo, se desconocía por completo el mecanismo por el que sucedía este proceso. Pero, afortunadamente, la ciencia no es estática.

Continuamente se actualiza y avanza. Las leyes y teorías se van refinando y complementando con el tiempo. Si hay un error, se corrige. Si se descubre nueva información, se añade y se estudia su efecto en los conocimientos previos.

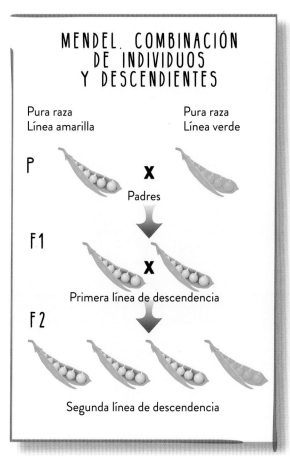

MENDEL. COMBINACIÓN DE INDIVIDUOS Y DESCENDIENTES

Pura raza
Línea amarilla

Pura raza
Línea verde

P

X
Padres

F1

X

Primera línea de descendencia

F2

Segunda línea de descendencia

En la cuestión que nos ocupa, tuvo un papel decisivo un fraile que abrió un campo completo y novedoso de la biología: la genética.

LA IMPORTANCIA DE MENDEL

Gregor Mendel (1822-1884), considerado el padre de la genética, dedicó su tiempo a estudiar la descendencia de distintos tipos de plantas del guisante (*Pisum sativum*). Estas plantas contaban con variaciones reconocibles como el color de las flores (violetas o blancas) o la superficie de los guisantes (lisa o rugosa). Además, se reproducían rápido y se podían manipular fácilmente dirigiendo sus cruces.

Mendel empezó autofecundando plantas con el fin de generar «razas puras». A continuación, probó a cruzar distintas razas puras entre sí. El resultado fue que siempre que cruzaba una muestra pura de flores violetas y una de blancas, los descendientes eran todos violetas. Sin embargo, si esos descendientes se cruzaban de nuevo entre ellos, las proporciones cambiaban. ¿Por qué no salían todos los ejemplares iguales? Mendel hizo el mismo experimento con dos caracteres distintos: color de la flor y rugosidad del guisante. Comprobó que en la tercera generación siempre aparecían individuos con todas las mezclas posibles, pero en diferentes proporciones, siendo los mayoritarios los de flores violetas y guisante lisos, y en igual proporción los violetas rugosos y blancos lisos; los menos frecuentes eran los blancos rugosos.

Las células sexuales humanas, óvulos y espermatozoides, son las encargadas de transmitir la información genética del nuevo ser humano.

La molécula de ADN tiene dos cadenas enrolladas en una estructura de doble hélice. Contiene toda la información genética de un ser vivo; es la responsable del color de ojos, la estatura...

Con estos estudios Mendel construyó las primeras leyes de la herencia. Había algo que transmitía la información de unos individuos a sus descendientes y que se manifestaba de forma variable. Así llegó a la conclusión de que cada rasgo físico de un organismo estaba ligado a una unidad de información, a un gen. Este gen presentaba variaciones a las que llamó alelos. Por ejemplo, el

MENDEL. CARACTERES DOMINANTES Y RECESIVOS

	Color de la flor	Forma de la semilla	Color de la semilla	Color de la vaina	Forma de la vaina	Altura de la planta	Posición de la flor
DOMINANTE	Violeta	Redondo	Amarillo	Verde	Inflado	Alto	Axial
RECESIVO	Blanco	Rugoso	Verde	Amarillo	Constreñido	Pequeño	Terminal

El polen es la célula sexual masculina que porta información genética al igual que el óvulo que fecunda.

gen del color de las flores tiene dos alelos, uno violeta y otro blanco. Como se hereda información tanto por vía paterna como materna, cada individuo tiene dos copias de un gen, una del padre y otra de la madre. Esas copias pueden tener el mismo o distintos alelos. En este punto es cuando entran en juego las leyes de la herencia. Un alelo puede ser dominante frente a otro, es decir, si aparecen dos alelos distintos en un mismo individuo, uno puede llevar la voz cantante y dejar reflejo de ello en el organismo. Es lo que pasaba con nuestros descendientes de razas puras: tenían alelos violetas y blancos, pero solo se expresaba el violeta. Aunque actualmente sabemos que la transmisión genética es mucho más compleja, hay caracteres que se heredan siguiendo las leyes de Mendel. Ejemplos son la capacidad de hacer una «U» con la lengua, el pico de viuda, el sentido del remolino del pelo o hasta la forma de cruzar los brazos.

EL ADN EN EL PROCESO EVOLUTIVO

Mendel descubrió cómo se transmitía la información en las células sexuales o gametos (óvulos, polen y espermatozoides) y cómo provocaban diversidad en su descendencia al combinarse. Actualmente, tras muchos estudios, se sabe que la información genética heredable se encuentra en el ADN. El ADN es la molécula que contiene toda la información sobre nuestro funcionamiento y disposición corporal. Son los cambios en el ADN, como las mutaciones, y la diversidad de alelos los que impulsan el proceso evolutivo.

Observando el proceso más de cerca, sabemos que cada uno de nosotros heredamos 46 cromosomas, 23 de nuestro padre y 23 de nuestra madre. Cada uno de ellos contiene un alelo distinto, una variante de un gen. Estos genes producirán proteínas o intervendrán en su producción. Las

proteínas, gracias a la guía de los genes, constituirán la estructura del organismo y determinarán si las características asociadas a ellas serán seleccionadas por el entorno o por la pareja. Si el portador de estos rasgos deja más descendencia que el resto de sus congéneres, es cuando las características de las que venimos hablando se convierten en una adaptación.

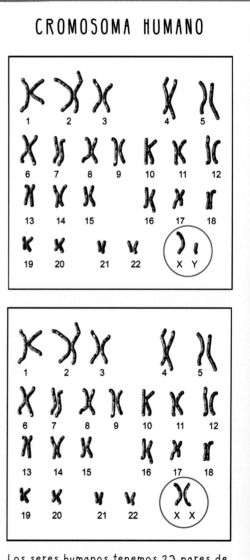

CROMOSOMA HUMANO

Los seres humanos tenemos 23 pares de cromosomas, 22 son autosómicos y uno es el cromosoma sexual. X e Y son los cromosomas sexuales que conforman, normalmente, una pareja.

LA ESPECIACIÓN

Aunque el concepto de especie adquiere diversas definiciones en función del campo de la biología en el que nos encontremos, la definición general es siempre la misma: una especie está formada por todas aquellas poblaciones de individuos que pueden reproducirse entre sí dando descendencia fértil.

Los burros y los caballos son especies distintas porque al reproducirse dan lugar a las mulas, que son estériles. A esto hay que añadir que los individuos de una especie comparten una serie de características propias solo entre ellos y con nadie más relacionadas con su comportamiento, morfología, genética, reproducción y papel en el ecosistema al que pertenecen. Además, una especie es la unidad mínima que se utiliza en taxonomía, es decir, en la clasificación de los seres vivos, tal y como la estableció Carlos Linneo (1707-1778) en su *Systema naturae*. Su propósito era agrupar a los organismos en categorías, de las más generales a las más concretas. Todavía hoy seguimos el sistema de Linneo de reinos, filos, clases, órdenes, familias, géneros y especies, aunque se han ido reorganizando y reinterpretando. A estos grupos se los conoce como taxones.

¿CÓMO SE ORIGINA UNA ESPECIE?
La generación de una especie requiere de un componente clave, el aislamiento reproductivo. Este aislamiento puede suceder de diversas formas: barreras geográficas, como una cordillera,

gametos que no se reconocen entre sí, dificultades en la cópula, comportamientos que impiden la reproducción, esterilidad de los descendientes, entre otros. Es decir, todo aquello que implique una interrupción de flujo genético constante entre las poblaciones va a suponer un incremento en la diferenciación y el posterior aislamiento.

En algún momento, un grupo de tortugas de una población determinada llegaron del continente a las islas Galápagos. Los reptiles son animales muy tenaces que pueden soportar largos periodos sin comida ni agua. Las corrientes oceánicas arrastraron a estas tortugas a las islas donde empezaron a prosperar gracias a la ausencia de depredadores y a los recursos disponibles. Sin embargo, estas tortugas llegaron a islas distintas. Como no podían reproducirse entre ellas debido a la separación geográfica, empezaron a diferenciarse. Los alelos de las poblaciones de cada isla se hicieron cada vez más diferentes; aparecieron nuevas mutaciones y se fueron desarrollando características propias. De esta

RANGO TAXONÓMICO DE NUESTROS ANCESTROS HASTA LLEGAR AL GÉNERO HOMO

DOMINIO	REINO	FILO	CLASE	ORDEN	SUBORDEN
Agrupa a los seres vivos por su características celulares	**Animal** Agrupa a los seres vivos por su naturaleza en común	**Chordata** Los seres vivos con el mismo sistema de organización **Subfilo** Vertebrata	**Mammalia** Agrupa a seres vivos del mismo filo con semejanzas entre sí	**Primates** Individuos de una clase con características comunes entre sí. Los primates tienen cinco dedos	**Haplorrhini** Una de las dos subórdenes de los primates

forma, llegará un punto en el que si estas tortugas coincidiesen no serían capaces de reproducirse con su especie original. Incluso se han diferenciado hasta el punto de existir distintas especies en distintas islas. Todas proceden de esa especie del continente. De una única especie, han surgido otras. Esto es lo que se conoce como especiación.

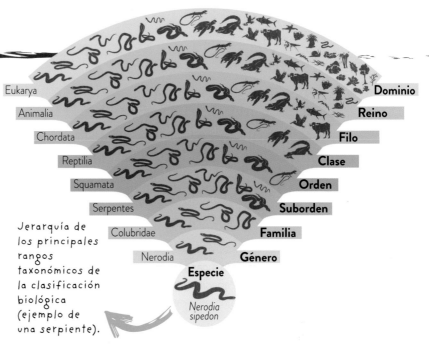

Jerarquía de los principales rangos taxonómicos de la clasificación biológica (ejemplo de una serpiente).

LA IMPORTANCIA DEL ANTECESOR COMÚN

La especiación tiene la peculiaridad de ser un proceso dicotómico: de un antecesor común siempre surgen dos grupos distintos, ya sean especies, géneros, familias, etc. Cuando una de nuestras tortugas antecesoras llegaba a una isla se separaba de su especie original. Así, surgen dos especies distintas, la de la población original y la nueva de las islas. Y estas especies pueden generar otras a su vez, ramificando las ramas de su árbol genealógico o cladograma.

Sin embargo, no siempre queda claro cuáles son los descendientes de ese antecesor común o cuál es el ancestro de las especies que vemos actualmente. Un ejemplo de ello son los reptiles. El de los reptiles es un grupo o taxón de vertebrados dentro de los cuales englobamos a todos aquellos que son terrestres, ponen huevos, tienen escamas, un cráneo diápsido (con dos agujeros o fenestras temporales) y otras características. Dentro de este grupo solemos incluir a las serpientes, los lagartos,

las tortugas y los cocodrilos. Por otro lado, están las aves que tienen plumas y escamas en sus patas, son de origen terrestre, tienen un cráneo diápsido y otras características. Durante siglos se las ha incluido en un grupo aparte de los reptiles ya que, a simple vista, no parece que sean similares. Sin embargo, si miramos detenidamente y echamos la vista atrás dentro del grupo de las aves, nos topamos con los dinosaurios. Y es que las aves son un tipo especializado de dinosaurios. Pero los dinosaurios están incluidos dentro de los reptiles. Entonces, ¿podemos decir que las aves son reptiles? Si no lo hiciéramos, estaríamos creando una familia falsa. Una familia donde se descartan unos nietos porque son muy diferentes a la mayoría, aunque pertenezcan a ella. A estos grupos se los conoce como grupos parafiléticos. Así que, si queremos tener una familia completa, un grupo con el antecesor y todos sus descendientes, tenemos que incluir a las aves. Solo así, el de los reptiles sería un grupo monofilético, un grupo natural, un clado. Por eso actualmente se está cambiando el nombre de la clase reptiles al de saurópsida.

Todas estas consideraciones nos permiten clasificar correctamente a los seres vivos y determinar con exactitud sus relaciones de parentesco. Solo así podemos inferir quiénes descienden de quién y entender el origen de todas las especies.

FAMILIA
Hominidae
Se encuentran en el mismo orden por sus características comunes. Los homínidos son primates capaces de caminar a dos patas

GÉNERO
Homo
Conjunto de especies relacionados entre sí por la evolución. *Homo* es el género que enmarca al ser humano actual y todos sus ancestros

ESPECIE
Homo sapiens
Un grupo de individuos con las mismas características y que pueden tener descendencia. Comprende a todos los seres humanos actuales

EL ESTUDIO DEL SER HUMANO ANTIGUO: LA PALEOANTROPOLOGÍA

La paleoantropología es una disciplina científica que estudia los fósiles pertenecientes al linaje del ser humano. Constituye una especialidad dentro de la paleontología y como tal sigue su mismo método de estudio. Gracias a ella, somos capaces de hacernos una idea de nuestros orígenes y de cómo vivían nuestros ancestros.

¿CÓMO SE ESTUDIA?

En primer lugar, es necesario localizar un yacimiento arqueológico. Muchos restos humanos se han encontrado en cuevas o de forma accidental, como es el caso de las obras del ferrocarril que permitieron la localización de Atapuerca. De hecho, hay paleontólogos especializados en evaluar el terreno sobre el que se va a realizar una obra. Así se evita que se dañe el patrimonio, se determina la importancia de posibles hallazgos y se indica cómo deben realizarse las obras en consecuencia. En ocasiones se pueden buscar activamente estos fósiles localizando el estrato y el rango temporal de interés. Un paleontólogo con buen ojo empezará a encontrar material fósil relevante rápidamente y realizará sondeos con el fin de encontrar los fósiles que busca.

A continuación, localizados los restos o una zona con alto contenido fosilífero, dan comienzo las campañas de excavación. La extracción de fósiles depende mucho del sedimento ante el que nos enfrentemos. No es lo mismo extraer fósiles de una cueva, en la que los restos apenas han sido enterrados, que hacerlo con otros

Cuatro piezas, restos de un núcleo de la era paleolítica.

sepultados en caliza o arcillas. El método que se utilice para sacarlos a la luz será distinto. Para ello se recurre a todo tipo de herramientas. Si el sedimento es muy blando, bastará con martillos, palas, cinceles y cepillos. Pero si es muy duro se requieren utensilios más resistentes como martillos neumáticos o incluso explosivos. Por supuesto, se debe ser muy cuidadoso, ya que los fósiles son tremendamente frágiles, sobre todo los más pequeños. De hecho, muchas veces se extraen con parte del sedimento que los contienen. Más adelante, en el laboratorio, se les aplica un tratamiento apropiado para extraerlos sin que se rompan, conservando así toda la información posible. Una vez extraídos los restos, estos se preparan para el transporte utilizando yeso, gasas, consolidantes, espumas, bolsas e incluso distintos tipos de papel. Cada resto encontrado lleva una etiqueta de identificación en la que se describe el lugar exacto donde se encontró dentro del yacimiento, un número y de qué objeto se trata.

Una vez en el laboratorio, se procede a la preparación de los restos. Se utilizan químicos como la acetona o ácidos para desprender el sedimento del fósil. También se recurre a masillas y consolidantes para favorecer su conservación al aportar a la pieza fósil una mayor solidez. Además, se emplean métodos físicos para eliminar el sedimento sobrante, ya sea usando bisturís, bastoncillos de madera o percutores. Cuando se ha eliminado toda la matriz sobrante, se puede apreciar la anatomía del fósil. Es en este momento cuando

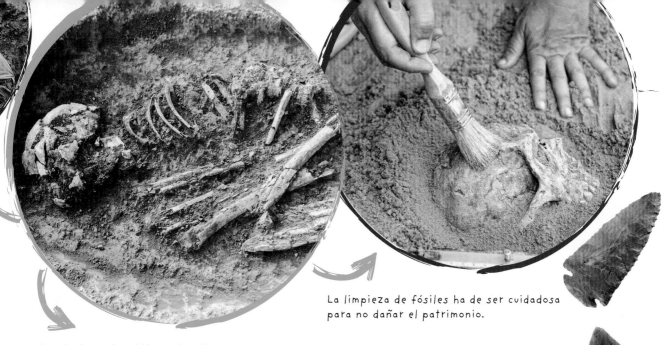

La limpieza de fósiles ha de ser cuidadosa
para no dañar el patrimonio.

Cuando los paleontólogos localizan una zona con
gran contenido fosilífero, se extraen los restos,
muchas veces con su sedimento incrustado, y se
trasladan al laboratorio para su estudio.

se realizan fotos con escala y se escanea en tres
dimensiones para guardar una copia. Ahora que se ven
bien las estructuras del fósil es cuando procedemos
a observarlo detenidamente con el objetivo de sacar
de él la máxima información posible. Aquí no solo nos
paramos a ver su aspecto externo, sino que se realizan
resonancias para explorar su interior. Incluso se
expone a distintos tipos de luces, como la ultravioleta,
para apreciar detalles que se suelen escapar a simple
vista. Cuando se ha recabado toda esa información
es cuando se está en condiciones de comenzar la
descripción del fósil. Esta se puede hacer de forma
escrita, siguiendo fórmulas matemáticas o dibujando y
elaborando diagramas que nos permitan hacernos una
idea más visual de la pieza representada.

Finalmente, tras pasar por numerosos filtros,
se publican datos y conclusiones en revistas
científicas. Ahora el material se ha dado a conocer
a la comunidad científica. Más adelante, esos datos
se muestran en los medios y por intervención de los
divulgadores científicos llegan al público general,
como se está haciendo ahora con este libro.

LA ARQUEOLOGÍA NO ES PALEONTOLOGÍA

Uno de los malentendidos más comunes es
confundir la paleontología con la arqueología.
Aunque comparten aspectos como las técnicas

empleadas en la excavación y extracción, no
estudian lo mismo.

Para empezar, estas disciplinas trabajan a
escalas temporales completamente distintas. La
arqueología se basa en estudiar restos humanos
recientes. Se centra sobre todo en el hallazgo de
restos materiales como monumentos, objetos
cotidianos, etc. Es decir, periodos temporales que
a escala geológica son un pestañeo. No estudia
tanto la evolución humana como la evolución
cultural de los humanos. Por todo ello, se
engloba más dentro del campo de la historia y las
humanidades.

La paleoantropología, por su parte, es una rama
dentro de la biología que se encarga de estudiar
la evolución humana. Centra su atención sobre
todo en fósiles dejados por organismos como
esqueletos o huellas que se originaron mucho
antes de que existiera cualquier civilización
humana.

Sin embargo, en el estudio del ser humano a
veces ambas disciplinas coinciden, como es el
caso del análisis de la industria lítica, es decir,
las herramientas de piedra dejadas por nuestros
ancestros y que tienen una enorme importancia
histórica: bifaces, cuchillos de piedra, puntas
de sílex... Obviamente, ambas disciplinas no
coinciden en el estudio de otros organismos más
antiguos como los dinosaurios o trilobites.

NUESTROS ORÍGENES

Nuestro sistema solar se originó en una nebulosa hace aproximadamente 4 500 millones de años (m. a.). Como consecuencia de la fuerza de la gravedad, los materiales se compactaron, dando origen al Sol. Pronto, se formaron los planetesimales y, posteriormente, los planetas.

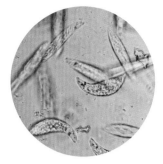

La Tierra nació entre llamas, como una esfera de roca incandescente que, lentamente, se enfrió y constituyó su corteza. Durante su infancia, la Tierra experimentó una altísima actividad volcánica que le otorgó gases para conformar su atmósfera.

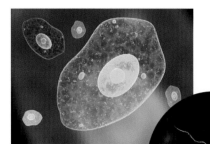

lipídicas encerraron los primeros esbozos del material genético. Acababa de nacer la vida y, con ella, la evolución biológica. Cuando el oxígeno llegó a la atmósfera surgieron los primeros organismos fotosintéticos.

Las primeras formas de vida surgieron en fuentes hidrotermales donde se formaron moléculas orgánicas gracias a la atmósfera primitiva terrestre sin oxígeno. Las reacciones químicas se sucedieron y las membranas

Hace 5 billones de años

Hace entre 3,5 y 2,4 billones de años

Hace 5 billones de años

Hace entre 3,5 y 2,4 billones de años

Los microorganismos comenzaron a agruparse formando colonias como los estromatolitos. La evolución dio pie a la especialización de las células con lo que se dio lugar a los tejidos y los primeros organismos pluricelulares muy sencillos, como las esponjas

Los volcanes y la posición de la Tierra con respecto al Sol dieron a nuestro planeta una característica aún más importante, la presencia de agua líquida. Poco a poco, los océanos de la Tierra fueron apareciendo. La cuna de la vida estaba lista.

Coral

Esponjas

y que aumentarían su complejidad con el paso de las generaciones. Posteriormente, se originaron los primeros órganos y otras estructuras como los esqueletos.

Pikaia

En el Cámbrico tuvo lugar la «explosión cámbrica», o aparición de un gran número de clados nuevos de animales en relativamente poco tiempo. Aquí aparecieron los primeros esbozos de los vertebrados actuales, como *Pikaia*. La vida siguió desarrollándose en los océanos hasta que, finalmente, los primeros animales se adentraron en tierra firme: los artrópodos.

Dickinsonia costata

En el Carbonífero surge el linaje de los sinápsidos, animales que a simple vista parecen reptiles, pero en realidad son de la línea de los mamíferos.

Cráneo de leopardo

El cráneo de los sinápsidos tiene una fenestra temporal o agujero característico en cada lado del cráneo detrás de los ojos y los músculos de las mandíbulas son distintos al resto. Así se desarrollaron variantes carnívoras como el *Dimetrodon* o herbívoras como el *Edaphosaurus*.

Tyrannosaurus rex

Los dientes se especializaron originándose los primeros molares para masticar la comida. Todos estos cambios empiezan a dar a estos animales aspecto de auténticos mamíferos, aunque sigan siendo, a todos los efectos, sus antecesores. Los verdaderos mamíferos aparecerían después con novedades evolutivas como el pelo o las glándulas mamarias. Y coincidirían con un grupo de animales bien conocido e influyente, los dinosaurios.

El origen de nuestro género *Homo* se remonta a los *Australopithecus*, provenientes de primates que habían adoptado la postura bípeda. Nosotros, *los Homo sapiens*, somos el resultado de la evolución y la hibridación durante millones de años de aquellos primeros homininos.

Hace 500 millones de años

Hace 300 millones de años

Hace 265 millones de años

Hace unos 3 millones de años

Hace 500 millones de años

Hace 265 millones de años

Hace entre 265 y 100 millones de años

Nuestros ancestros de cuatro patas comienzan a dar sus primeros pasos en tierra seca. Sin embargo, no fue hasta la aparición del huevo amniótico, un huevo resistente que no necesitaba ponerse en el agua, cuando pudimos independizarnos por completo del agua. Un nuevo entorno lleno de posibilidades se abría ante nuestros ancestros, con nuevos recursos que aprovechar.

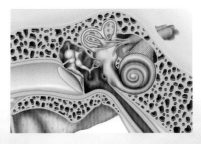

A finales del Pérmico aparecieron los terápsidos, animales de patas rectas como los anfibios o los reptiles actuales. Un grupo destacaría del resto, los cinodontos, que poseían patas rectas dispuestas debajo del cuerpo, habían perdido las costillas lumbares y experimentaron un cambio importante en su oído y sus dientes: la reducción del tamaño de los huesos de la mandíbula y su migración hasta el oído medio; así fue como nacieron el yunque y el martillo.

Entre el Pérmico medio y el Jurásico medio aparecen los primeros mamíferos, cuya eclosión ocurrió en el Triásico medio. Tras la extinción de los dinosaurios a finales del Cretácico, los mamíferos terminaron imponiéndose en el Cenozoico. Los pequeños mamíferos terrestres se adaptaron a la vida arborícola, de manera que manos y pies se hicieron más habilidosos para moverse entre las ramas, con el dedo pulgar separado del resto. Estos cambios dieron lugar a un nuevo taxón: los primates.

EL ORIGEN DE LOS MAMÍFEROS

Los primeros mamíferos aparecieron a finales del Triásico, hace aproximadamente 200 m. a. Se caracterizaban por tener dientes variados que cumplían distintas funciones, como los molares. Además, su oído medio lo formaban tres huesos: yunque, martillo y estribo. A diferencia de los cinodontos, esos huesos se desacoplaron por completo de la mandíbula inferior pasando a formar parte del oído.

Animales insectívoros de pequeño tamaño en un principio, los primeros mamíferos estaban lejos de ser generalistas. Ya en el Jurásico existían mamíferos excavadores, semiacuáticos como *Castorocauda*, que recuerda a los castores actuales, o *Volaticotherium*, muy parecido a las actuales ardillas voladoras. Su gran diversidad sugiere que la evolución «experimentó» dando origen a una gran diversidad de linajes nuevos. Estas nuevas especies estaban especializadas en papeles ecológicos específicos o nichos, pero no eran muy longevos.

Con todo, en el Cretácico empezaron a florecer nuevas formas y observamos mamíferos fácilmente reconocibles a nuestros ojos. El mejor ejemplo de ello es *Spinolestes*. Este triconodonto fue descubierto en el yacimiento conquense de Las Hoyas. Su fósil, de 125 m. a. de antigüedad, conserva piel y pelo. Incluso se distinguen los pabellones auditivos en la roca. Es de los pocos mamíferos fósiles de los que podemos afirmar rotundamente que tenía orejas. Pero este animal excavador no era la única sorpresa que ofrecen los mamíferos de este periodo. La imagen del pequeño ratoncillo que se refugia en su madriguera de los feroces dinosaurios no es fiel a la realidad. Los mamíferos del Cretácico, aun pudiendo ser presas, tenían representantes que depredaban dinosaurios. Así sucede con *Repenomamus giganticus*, uno de los mamíferos más grandes de este periodo. En esta muestra se descubrieron restos de un ejemplar joven de *Psittacosaurus*, un pequeño dinosaurio ceratopsiano bípedo pariente del famoso *Triceratops*. Por tanto, los mamíferos de aquella época estaban lejos de ser criaturas indefensas y convivían con otras especies como lo hacen todos los animales hoy en día.

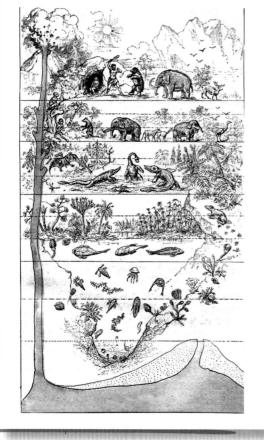

EVOLUCIÓN PROGRESIVA EN LOS DIFERENTES ESTADIOS

Ejemplos de marsupiales: koalas y valabíes.

Representante del taxón monotrema, el ornitorrinco.

Cebra recién nacida, ejemplo de mamífero placentario.

¿QUIÉNES QUEDARON?

En el Cretácico surgen los tres taxones entre los que se reparten los mamíferos actuales:

- **Los monotremas.** Son mamíferos que ponen huevos pero secretan leche de glándulas mamarias poco especializadas. Aquí se encuentra el famoso ornitorrinco y el equidna que, al carecer de pezones, «sudan» leche para amamantar a sus crías.

- **Los marsupiales.** No ponen huevos, sino que cuidan de sus crías prematuras en una bolsa especial denominada marsupio. Cuando las crías nacen, escalan por el cuerpo de su madre hasta llegar al marsupio. Ahí se alimentan de leche aferrándose a los pezones de la madre hasta que están listas para salir de la bolsa.

- **Los placentarios.** Desde la concepción nutren a sus crías en su útero a través de un órgano denominado placenta y que conecta el torrente sanguíneo de la madre con el del feto. Paradójicamente, la placenta es una estructura muy deficiente suministrando oxígeno al embrión. Por ello se requieren mecanismos auxiliares para garantizar que la cría no se asfixie. Algunos de ellos son desvíos del sistema circulatorio, agujeros en el tabique del corazón e incluso una hemoglobina fetal que roba oxígeno a la madre. Todo ello para aprovechar el oxígeno lo máximo posible y destinarlo a las funciones más

importantes. Al fin y al cabo, la placenta surgió en nosotros por el ADN que integramos de un retrovirus. Es decir, la placenta que nos vio nacer tiene su origen en un virus. Gran parte de nuestro genoma está constituido por todos esos virus que intentaron infectarnos y fracasaron en el intento. De una forma u otra, todos ellos han influido en nuestra propia evolución.

SOBREVIVIENDO AL METEORITO

Los terios (placentarios y marsupiales) estaban prosperando y diversificándose 10 millones de años antes de la gran extinción del final del Cretácico. Esto se debe a que la aparición y propagación de las plantas con flor les brindó nuevos nichos provocando la aparición de más especies. Sin embargo, el impacto de un enorme meteorito sobre la Tierra hace unos 65 millones de años diezmó a los taxones más especialistas y poco comunes. Pero lejos de que la catástrofe supusiera su extinción completa, nuestros ancestros consiguieron recuperarse. Poco a poco, los dinosaurios no avianos se extinguieron y cedieron el bastón de mando a las aves y los mamíferos. Tras una extinción masiva, los ecosistemas de la Tierra cambian para siempre. Especies enteras desaparecen y otras toman el relevo. El clima, la flora y la fauna cambia por completo, y la extinción finicretácica no fue una excepción. Entramos así en el Cenozoico, la era de los mamíferos, que significa en griego «animales nuevos».

LOS PRIMEROS PRIMATES

Los primates surgieron de animales arborícolas que poseían uñas en vez de garras, los plesiadapiformes. Animales como *Purgatorius* serían los precursores de los primeros primates, los cuales eran muy similares a los lémures que actualmente habitan Madagascar.

De hecho, uno de los fósiles más famosos que representa a nuestros primeros ancestros es *Darwinius masillae*. Este antecesor de los lémures tuvo una gran repercusión al ser considerado un «eslabón perdido» entre los simios y el resto de primates. Sin embargo, investigaciones posteriores lo situaron como antecesor de nuestros ya mencionados primos isleños. Aun así, este ejemplar de hace 47 m. a. ya muestra las características que hacen tan únicos a los primates. Su excepcional conservación hizo que fuese vendido por partes hasta que pudo investigarse apropiadamente décadas después de su descubrimiento.

¿QUÉ DEFINE A LOS PRIMATES?

Los primates son unos mamíferos que se caracterizan por ser omnívoros, tener morros cortos y extremidades largas que les permiten balancearse y moverse por las ramas de los árboles. Además, son capaces de afianzarse con sus patas traseras y a veces tienen colas prensiles para poder manipular objetos con sus extremidades anteriores. Asimismo, carecen de garras, que han sido sustituidas por uñas, poseen un reducido sentido del olfato y tienen pocas

crías. Los caracteriza un rasgo muy relevante: sus ojos, que se disponen en la parte frontal del cráneo, lo que les otorga una visión en profundidad. Así pueden calcular las distancias y percibir el mundo en tres dimensiones. Junto a esto, son los únicos mamíferos que poseen visión tricolor. Al contrario que el resto, que solo pueden ver amarillos y verdes, nosotros podemos ver también el color rojo. Esto se debe a la inclusión de un nuevo tipo de cono en nuestros ojos, una célula especializada en percibir el color. Mientras el resto de mamíferos tienen conos que detectan el amarillo y el verde, nosotros tenemos un tipo adicional que detecta el rojo. Esto es especialmente útil en animales diurnos, ya que los conos necesitan de una mayor cantidad de luz para funcionar. Además de todo esto, hay una característica adicional de crucial importancia: un aumento del tamaño del cerebro.

NUESTRA PROFUNDA RELACIÓN CON LA FRUTA

¿Pero qué utilidad tiene el color rojo? Desde los plesiadapiformes observamos una tendencia a un cambio en la dieta. Los primeros primates ya eran criaturas probablemente diurnas y arborícolas. Mientras que los dientes de los primeros parecen más adaptados a comer insectos, los de los segundos se muestran más proclives a consumir materia vegetal. Y es que, aunque los primates sean omnívoros, su dieta suele estar formada sobre todo por hojas, fruta, flores e incluso néctar. Todos sabemos que la fruta madura y más jugosa es la que adquiere fuertes tonos rojizos. Esto es algo que pueden detectar otros animales, pero dentro de los mamíferos, solo los primates pueden apreciarlo.

Aspecto figurado de un hombre de Neandertal, especie extinta del género Homo.

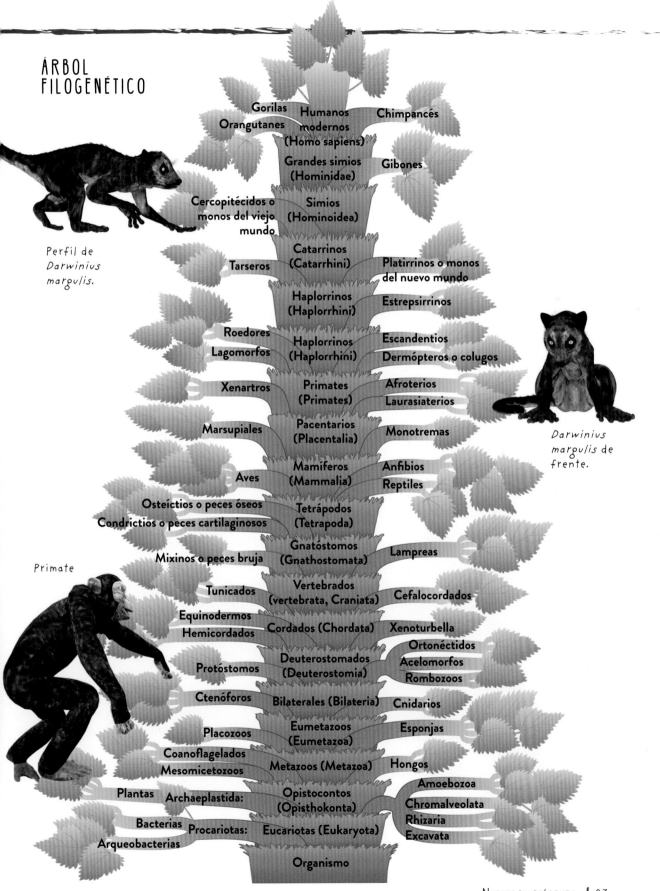

ÁRBOL FILOGENÉTICO

Perfil de *Darwinius margulis.*

Darwinius margulis de frente.

Primate

Gorilas
Humanos modernos (Homo sapiens)
Orangutanes
Chimpancés

Grandes simios (Hominidae)
Gibones

Cercopitécidos o monos del viejo mundo
Simios (Hominoidea)

Catarrinos (Catarrhini)
Platirrinos o monos del nuevo mundo
Tarseros

Haplorrinos (Haplorrhini)
Estrepsirrinos

Roedores
Haplorrinos (Haplorrhini)
Escandentios
Lagomorfos
Dermópteros o colugos

Xenartros
Primates (Primates)
Afroterios
Laurasiaterios

Marsupiales
Pacentarios (Placentalia)
Monotremas

Mamíferos (Mammalia)
Anfibios
Aves
Reptiles

Osteíctios o peces óseos
Tetrápodos (Tetrapoda)
Condrictios o peces cartilaginosos

Gnatóstomos (Gnathostomata)
Lampreas
Mixinos o peces bruja

Tunicados
Vertebrados (vertebrata, Craniata)
Cefalocordados

Equinodermos
Cordados (Chordata)
Xenoturbella
Hemicordados

Ortonéctidos
Deuterostomados (Deuterostomia)
Acelomorfos
Protóstomos
Rombozoos

Ctenóforos
Bilaterales (Bilateria)
Cnidarios

Placozoos
Eumetazoos (Eumetazoa)
Esponjas

Coanoflagelados
Hongos
Mesomicetozoos
Metazoos (Metazoa)

Amoebozoa
Plantas
Archaeplastida:
Opistocontos (Opisthokonta)
Chromalveolata
Bacterias
Rhizaria
Procariotas:
Eucariotas (Eukaryota)
Excavata
Arqueobacterias

Organismo

Incluso la visión binocular podría guardar relación con los árboles. Tener los ojos al frente es un rasgo típicamente asociado con depredadores y animales nocturnos. Esta es la razón por la que se pensaba que los primeros primates eran fundamentalmente insectívoros. Para calcular bien la distancia y seguir a un objetivo en movimiento es esencial percibir la profundidad. Tener ambos ojos al frente permite que los campos de visión de cada ojo se solapen y se cree en el cerebro una imagen en tres dimensiones. Es algo parecido a esas fotos que para poder verse en 3D es necesario ponerse unas gafas especiales. No obstante, los antecesores más insectívoros de los primates no presentan este tipo de visión. De hecho, a muchos depredadores de insectos actuales no les hace falta para capturar a sus presas. Incluso los primates se valen de otros sentidos como el oído para alimentarse de insectos. Pero captar la profundidad no solo es útil para cazar, sino también para desplazarse entre las copas de los árboles en busca de alimento. Todas estos rasgos nos sugieren

una estrecha conexión entre los primates y las angiospermas, las plantas con flor y fruto.

Sabiendo que los primates son un grupo de origen tropical, no es de extrañar que estas características que acabamos de describir les permitiera explotar un nicho inalcanzable para otros animales. De hecho, los primates son el único grupo de vertebrados no voladores capaces de conseguir alimento en las ramas altas de los árboles tropicales. Un último dato a considerar es que la subida de la temperatura global tras el Cretácico provocó un florecimiento de los bosques tropicales. En consecuencia, los primates prosperaron junto a las plantas que les proporcionaban alimento.

SOMOS SIMIOS

Como podemos apreciar en el árbol filogenético de la página anterior, los simios o monos actuales se dividen en dos categorías: monos del nuevo mundo y monos del viejo mundo. Los monos del nuevo mundo o platirrinos son todos aquellos que viven en las zonas tropicales del continente americano. Se caracterizan por tener la nariz plana con orificios lateralizados. Además, hacen más vida en los árboles que sus primos del viejo mundo y suelen ser más pequeños. Dentro de este grupo encontramos, entre otros, animales como los titíes, los monos aulladores y los capuchinos.

Los monos del viejo mundo o catarrinos son los simios que se encuentran mayoritariamente en las zonas tropicales de África y Asia. Su nariz, al contrario que los platirrinos, apunta hacia abajo y sus orificios se encuentran juntos. Son más terrestres y folívoros (se alimentan de hojas) que sus primos americanos. De hecho, carecen de cola prensil. Además,

Primer plano de un tití en el que pueden apreciarse los orificios nasales lateralizados y la nariz chata características de su grupo.

Grupo de capuchinos perteneciente a la categoría de platirrinos o monos del nuevo mundo.

Cráneo de un chimpancé macho con mandíbula inferior, junto a imagen real del mismo.

son mucho más grandes. A este grupo pertenecen, entre otros, los babuinos, los cercopitecos, los macacos, los gibones y los orangutanes. ¡Ah!, y dentro de este grupo nos encontramos también nosotros.

Como curiosidad, una de las características más inusuales de los catarrinos es que tienen ciclo menstrual. Al contrario que otras hembras de mamíferos, que reabsorben el endometrio si no sucede la implantación, las hembras catarrinas lo expulsan a través de la vagina en forma de hemorragia. Así que los monos de viejo mundo tenemos en común esta peculiaridad en nuestros ciclos reproductivos.

NUESTRO VÍNCULO CON LOS GIBONES

Los catarrinos se dividieron en dos taxones hace 11 millones de años. Por un lado, surgieron los cercopitecos y demás monos del viejo mundo con cola; por otro lado, surgió la superfamilia hominoidea. *Hominoidea* agrupa a todos los grandes simios junto a los gibones, siendo estos últimos los representantes más primitivos del grupo. Es decir, el antecesor del grupo probablemente tuviera un aspecto muy similar a un gibón.

Los gibones poseen unas extremidades superiores extremadamente largas que les permiten desplazarse entre los árboles con gran agilidad. Al contrario que los macacos y otros monos, no poseen cola y empiezan a aparecer claros indicios de dimorfismo sexual. Este dimorfismo será más acusado en los grandes simios, pero ya en los gibones se presentan distintos patrones de coloración entre machos y hembras.

Pero ¿existe algún fósil que evidencie la separación entre los monos del viejo mundo y

Hominoidea? Sí, y sorprendentemente lo tenemos muy cerca de casa.

Pliobates cataloniae fue descubierto en el vertedero de Can Mata, perteneciente al municipio barcelonés de Els Hostalets de Pierola. El fósil tenía 11,6 m. a. de antigüedad, datación que lo situaba en el Mioceno ibérico, y pertenecía a una hembra que pesaba entre 4 y 5 kg a la que apodaron Laia. Su descubrimiento indica que el antecesor común de los antiguos homínidos podría haber tenido un aspecto mucho más parecido al de un gibón que al de un orangután, siendo mucho más pequeño.

¿QUÉ DIFERENCIA A LOS HOMÍNIDOS?

Los homínidos o grandes simios son un taxón constituido por orangutanes, gorilas, chimpancés, bonobos y los humanos junto con todos sus representantes fósiles. Aparte de carecer de cola como los gibones, presentan tamaños cerebrales mayores. Además, se caracterizan por construir nidos y utilizar herramientas. Presentan un marcado dimorfismo sexual y son, además, los primates más grandes. Representantes actuales como el gorila oriental alcanzan los 200 kg de peso y 1,70 m al ponerse en pie. Incluso el pasado fósil no se queda atrás pues contamos con ejemplares como *Gigantopithecus blacki*, un pariente del orangután, de 2,7 m de altura y con un peso de más de 270 kg.

Pero ¿conocemos el antecesor común de todos los homínidos? De nuevo, la respuesta está cerca de casa.

EL ANTECESOR IBÉRICO

En 2002, en las obras del vertedero del municipio barcelonés de Els Hostalets de Pierola, se encontraron unos fósiles singulares. Se trataba de los restos del esqueleto de un homínido que databa del Mioceno, aproximadamente entre 12,5 y 13 m. a. El individuo se identificó como un macho, por sus grandes colmillos, y se le dio el apodo de «Pau». Pau fue descrito como un ejemplar de *Pierolapithecus catalaunicus* y su descubrimiento se dio a conocer a través de la revista *Science* en 2004.

ENTORNO EN EL QUE VIVÍA

Los restos de Pau se encontraron en lo que en aquella época fue una pradera de inundación boscosa. De hecho, este bosque era más húmedo que otros que existían en el interior de la península ibérica, pero más seco que los bosques franceses donde vivían sus parientes. En aquel entorno los *Pierolapithecus catalaunicus* vivían con otros mamíferos como ciervos, rinocerontes e incluso carnívoros, los cuales dejaron marcas de dientes en los huesos encontrados. Uno de estos animales carnívoros era el famoso dientes de sable, que también pudo atacar a Jordi, el ejemplar de *Hispanopithecus laietanus* encontrado en Sabadell.

El orangután tiene unos brazos largos que le ayudan a desplazarse por las ramas. Su movimiento es vertical, al contrario que el de otros monos.

DIME CÓMO TREPAS Y TE DIRÉ QUIÉN ERES

¿Qué hace tan único a Pau? Lo que diferencia a *Pierolapithecus catalaunicus* del resto de homínidos fósiles es lo que nos sugiere su estructura ósea. Los monos arborícolas como los del nuevo mundo se desplazan por las ramas en marcha cuadrúpeda, ayudándose de sus colas y saltando de rama en rama. Esta forma de moverse es consecuencia de su anatomía, pues su esqueleto se dispone en horizontal sobre el suelo, al igual que la mayoría de mamíferos.

Sin embargo, los grandes simios se desplazan de un modo completamente distinto. Hagamos una comparación. Pensemos en los monos capuchino. Van de rama en rama desplazándose a cuatro patas y en raras ocasiones se mueven por el suelo o se incorporan sobre sus patas traseras. Ahora pensemos en un orangután. Sus brazos son mucho más largos que los de otros monos y aprovechan esta característica para balancearse de rama en rama. Se mueven un poco como *Spiderman* por los tejados de Nueva York. En consecuencia, el orangután dispone su cuerpo en vertical, usando el impulso de sus brazos, mientras que el capuchino adopta una postura más horizontal.

Ya desde los gibones vemos una tendencia al desplazamiento ortogonal, en vertical, usando sus largos brazos para balancearse de rama en rama. ¿Pero cómo tiene lugar la evolución de un capuchino a un gibón? ¿Qué modificaciones anatómicas se tienen que dar?

La mano del bonobo recuerda a la humana en su variedad de movimientos.

Dentro del grupo de grandes simios, el gorila presenta un pecho ancho y musculoso como adaptación a su cambio postural.

Otro gran simio, el bonobo, también se adaptó a la posición vertical para el desplazamiento.

Pasar de moverse en una posición horizontal a otra vertical no solo exige un cambio postural, hace necesario el desplazamiento del centro de gravedad. Más aún, colgarse de las ramas como lo hacen los grandes simios requiere de una mayor fuerza en el tren anterior. Por eso estos animales tienen pechos más anchos que albergan grandes músculos, aunque no solo es cuestión de fuerza. Las muñecas y las manos también poseen adaptaciones que favorecen este tipo de locomoción con un mayor abanico de movimientos.

Ahora bien, ¿presenta Pau todas estas características? Curiosamente, solo en parte. *Pierolapithecus catalaunicus* tiene un rostro y una postura de homínido, pero sus manos recuerdan más a las de otros monos arborícolas. Es decir, a pesar de mantener ya una posición vertical, sobre todo en la escalada, conserva una posición relativamente cuadrúpeda. Esto indica que la evolución del movimiento de los homínidos no mantuvo una línea constante. Más bien, se dio una sucesión de distintos grupos con algunas de esas adaptaciones ya mencionadas, pero nunca se mostraron todas al mismo tiempo. Esto se conoce como evolución en mosaico. Poco a poco, con el típico proceso de prueba y error de la selección natural, se llegaría a la configuración que observamos ahora en orangutanes, gorilas y otros parientes. Y aunque pueda parecer que moverse por las ramas no tiene relación con cómo nos desplazamos los humanos, es todo lo contrario. ¿De qué otro modo pudo surgir el bípedo hominino de no haber sido por esa verticalización de sus antecesores? Como siempre, la naturaleza es vaga y aprovecha el material original antes de trabajar en novedades.

Organismo unicelular — Animal acuático — Anfibio — Animal terrestre — Primate — Ser humano

Evolución de los organismos, esquema del origen de la vida desde el organismo unicelular hasta el ser humano.

EL DESCUBRIMIENTO DE NUESTRO ORIGEN AFRICANO

Nuestra especie es la única de entre los homininos que aún vive en nuestro planeta, los únicos homínidos que son, que somos, completamente bípedos. Durante mucho tiempo se buscó el origen de nuestro linaje y aunque conocemos quiénes son nuestros parientes vivos más cercanos, no se sabía el lugar de donde procedemos. Los gorilas, chimpancés y bonobos son nativos de África, y curiosamente a estos dos últimos solo los separa el río Congo. Por otro lado, los orangutanes proceden del sureste asiático. Entonces, ¿de dónde vienen los humanos?

PRIMERA PARADA: ASIA

En un principio, se pensó que teníamos un mayor parentesco evolutivo con los orangutanes que con el resto de nuestros primos africanos. No es de extrañar, ya que compartimos una gran cantidad de características físicas con estos animales; no en vano su nombre significa «hombre de la selva».

Con esta premisa, los paleoantropólogos de finales del siglo XIX y principios del XX, iniciaron su búsqueda en el continente asiático. Perseguían al famoso eslabón perdido, el nexo que conectase a los humanos actuales con los grandes simios. Básicamente, un ejemplar a caballo entre estos dos grupos de animales.

Su perseverancia dio frutos en 1891 cuando se encontró al hombre de Java, *Pithecanthropus erectus*. Sus restos pusieron a prueba a los investigadores. Se había encontrado un fémur y la tapadera de un cráneo y cada uno sugería caracteres distintos. El fémur era prácticamente igual al de un humano moderno, lo que indicaba que ese animal se desplazaba erguido como nosotros, de ahí el nombre de «erectus». De hecho, se calculó la estatura del animal completo partiendo de las proporciones humanas y se vió que medía entre 1,65 y 1,70 m. Pero el cráneo contaba una historia diferente. Si el volumen craneal de un humano actual es de 1230 centímetros cúbicos (cc), se calculó que este ejemplar tenía un volumen de 1000 cc. Los chimpancés y otros homínidos tienen volúmenes de 500 cc, por lo que era mucho mayor al de estos animales. Sin embargo, para los investigadores de la época, era un tamaño demasiado pequeño para ser considerado «humano». Se llegó a decir que, de pertenecer verdaderamente a un humano, sería un individuo «idiota microcefálico». Algunos se plantearon la posibilidad de que estos fósiles fueran una mezcla de huesos de humanos y otros grandes simios, que no pertenecieran siquiera al mismo animal. Además,

Estatua que recuerda al hombre de Pekín en Zhoukoudian, Pekín, China.

Cráneo de *Homo erectus* descubierto en 1969 en Sangiran, Java, Indonesia, con fecha de hace un millón de años.

no era de extrañar que su gran tamaño requiriera proporcionalmente de un cerebro mayor, aunque superase al de cualquier otro gran simio. Incluso se intentó clasificar como un paso intermedio entre los gibones y los seres humanos.

Con todo, el Hombre de Java se estableció como un eslabón entre los simios y nosotros. Quienes lo encontraron no sospechaban que habían descubierto al que posteriormente se conocería como *Homo erectus*. Más adelante, se encontrarían al Hombre de Pekín y otros restos que, aunque en un principio se consideraron otras especies intermedias, eran de nuevo fósiles de *Homo erectus*.

LA CUNA AFRICANA

Ya el propio Darwin sugirió que el origen de la humanidad se encontraba en África. Siguiendo esta premisa, muchos comenzaron a buscar fósiles en dicho continente, entre ellos uno de los padres de la paleoantropología moderna, Raymond Dart. En 1924 sus esfuerzos darían sus frutos cuando en Sudáfrica llegaron a él unos restos mezclados de primates cercopitecos. Para su sorpresa, entre ellos había un ejemplar inusual, que recibió el nombre de Niño de Taung.

Era la primera vez que se descubría en África un fósil de lo que parecía ser un ejemplar emparentado estrechamente con los grandes simios. Pero las sorpresas no acababan ahí. Esta cría de tres años

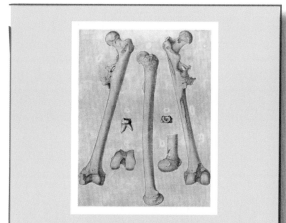

Huesos y dientes de *Pithecanthropus erectus*, ilustración procedente de *Universo y humanidad*, 1910.

EL NIÑO DE TAUNG

Cráneo de *Australopithecus africanus*. (Niño Tung). Fechado hace 2,5 millones de años. Descubierto en 1924 en una cantera de piedra caliza cerca de la aldea de Taung, en Sudáfrica.

tenía una dentición muy similar a la humana, con colmillos pequeños y dientes relativamente juntos. Su cráneo parecía indicar que este ejemplar era bípedo. El foramen magnum, el agujero en el cráneo que permite la salida de la médula espinal, se encontraba debajo de la cabeza y no detrás, como en otros simios. Incluso se conservaba un molde interno del cráneo que revelaba una mayor capacidad craneal de estos animales y la posibilidad de estudiar el cambio de ciertas características cerebrales.

Con todo, este ejemplar era una mezcla entre caracteres propios de los chimpancés y los humanos. Este individuo, aun no siendo un humano moderno, no pertenecía al linaje de nuestros primos homínidos. Era el eslabón entre los humanos y el resto de primates que se había estado buscando durante tanto tiempo. Así, se llamó a la nueva especie *Australopithecus africanus*. Descubrimientos posteriores no hicieron más que reforzar la idea de que nuestro linaje procedía de África. Asia resultó ser una de las paradas de los antecesores de la humanidad, pero no su punto de origen.

El origen africano del ser humano se hizo patente gracias a la genética. Nuestros parientes vivos más cercanos son los chimpancés y bonobos, con los cuales compartimos el 99 % de nuestro ADN. En contraposición, compartimos con el orangután el 97 %. Ahora sabíamos de dónde veníamos y dónde teníamos que buscar a nuestros ancestros.

EL FALSO ESLABÓN PERDIDO

En 1912 un aficionado llamado Charles Dawson presentó al encargado del Departamento de Geología en el Museo Británico de Historia Natural, Arthur Smith Woodward, unos restos de un ejemplar poco común. Eran fragmentos del cráneo de lo que parecía ser un homínido; el color indicaba que era un fósil antiguo. Pero lo que llamó la atención de Woodward eran sus proporciones. Eran casi iguales a las del cráneo de un humano moderno.

Woodward acompañó a Dawson hasta la cantera de gravas, en Piltdown, donde se habían descubierto los fósiles y se encontró con la mandíbula inferior del espécimen. Para sorpresa del académico, la mandíbula era mucho más primitiva de lo que aparentaba ser el cráneo. Era tosca y de aspecto simiesco. Los molares también se correspondían a la forma de los homínidos no humanos, salvo que el desgaste era similar al que aparecía en los humanos actuales.

Todo parecía indicar que en Inglaterra se había descubierto una nueva especie de homínido. Por fin, se había encontrado el eslabón perdido entre los grandes simios y los humanos: el Hombre de Piltdown.

Sin embargo, el hallazgo tuvo sus detractores desde un primer momento. Muchos defendieron que debía de tratarse de la mezcla de dos animales distintos. De hecho, tras realizarse dataciones en flúor, estudios sobre el desgaste dental y exploraciones adicionales en el propio yacimiento en el que se encontró, se demostró que era una falsificación. El supuesto fósil había sido coloreado para darle la apariencia de una mayor antigüedad; se componía de un cráneo humano moderno y una mandíbula de orangután. Además, los dientes estaban limados con el fin de simular desgaste y las herramientas que se encontraron alrededor de los restos habían sido fabricadas con aparatos modernos. Incluso los fósiles que rodeaban al esqueleto habían sido traídos de otro lugar para reforzar el verismo de aquel yacimiento falso.

Finalmente, el Hombre de Piltdown fue declarado un fraude en 1954. Pero, ¿cómo es posible que una falsificación de ese calibre se mantuviese durante tanto tiempo en la comunidad científica?

Sello guineano con una imagen del hombre de Piltdown. Uno de los mayores fraudes en la historia de la ciencia.

Indicador hacia el yacimiento de Piltdown.

En primer plano, cráneo y hombre de Neandertal comparado con el humano actual (detrás). La búsqueda desesperada de un eslabón perdido hizo que algunos engaños se tomasen por ciertos.

¿POR QUÉ PASÓ DESAPERCIBIDO EL ENGAÑO?

El hombre de Piltdown llegó en el momento adecuado y en el lugar preciso. Por aquella época se tenía la idea de que el eslabón perdido que conectaba a hombres con monos debía de tener un gran cerebro, pero conservar aspecto simiesco y ser cuadrúpedo. Paradójicamente, en realidad el proceso fue justo al revés, ya que los primeros homininos con marcha bípeda disponían de volúmenes craneales bajos. Y es que en la evolución humana siempre se ha dado mucha importancia al tamaño del cerebro, tanta que se pensaba que determinaba todo lo demás.

Otro factor de importancia es que la paleoantropología británica era un páramo. Mientras, Francia y el continente europeo en general, eran una mina de fósiles y especímenes humanos, como los neandertales y el hombre de cromañón, Inglaterra no había registrado ningún indicio de restos humanos primitivos.

A esto hay que sumar el descubrimiento del Hombre de Pekín, que también se consideró el eslabón perdido, aunque posteriormente fue clasificado como un *Homo erectus*. El Hombre de Pekín, descubierto en Asia, poseía un volumen craneal menor al estimado para el hombre de Piltdown, de origen inglés. Esto reforzó estereotipos raciales basados en la superioridad del hombre blanco frente al resto de razas. Sea como fuere, la falsificación fue diseñada para satisfacer las ideas y concepciones antropológicas de la época y fue por ello por lo que tuvo relativa aceptación.

¿EXISTEN LOS ESLABONES PERDIDOS?

El término de «eslabón perdido» está actualmente en desuso. Antiguamente, la evolución se interpretaba como un fenómeno lineal, de progreso constante, como un viaje desde un origen hasta un destino. Ahora sabemos que no hay eslabones de una cadena sino familias, antecesores y descendientes.

Ya hemos visto que la evolución actúa de forma ramificada, sin un destino fijo. No tiene sentido hablar de fósiles u organismos transicionales porque ningún organismo es un paso intermedio para llegar a algo. Todos los seres vivos desplegaban su actividad y sobrevivían en su propio tiempo y espacio. Prosperaron y se extinguieron como todas las especies de este planeta. Ninguna especie es eterna. El tiempo medio de vida de cada una de ellas es de entre cinco y diez millones de años. La extinción es inevitable, no es consecuencia de un mal diseño o un fallo de adaptación. Como hemos visto anteriormente, es el entorno el que cambia y selecciona.

Podemos seguir un linaje por sus nuevas características adquiridas y estudiar así el cambio de los distintos organismos como una progresión. Pero es importante tener en cuenta que lo que llamamos progresión no es tal cosa. Se trata, sencillamente, de seguir el recorrido de una rama concreta por un árbol filogenético. Por esta razón, actualmente no se persigue encontrar ese mítico «eslabón perdido» sino localizar fósiles y situarlos correctamente en un cladograma. Así, poco a poco, se van rellenando los huecos y podemos conocer y ubicar a nuestros ancestros y parientes.

LA VIDA EN EL CONTINENTE AFRICANO

Ahora sabemos que se ha de buscar el origen del ser humano en África. Probablemente, nuestros ancestros fueron arborícolas y en un momento del proceso evolutivo, surgieron especies bípedas cada vez más independientes de ellos. Sabemos que nuestros parientes vivos más cercanos son los chimpancés así que... ¿cómo era el antecesor a partir del cual se separaron chimpancés de humanos?

Era un bípedo, pero su anatomía era distinta a la nuestra. Probablemente no caminaba como nosotros y tendría unos andares en concordancia a su cuerpo.

Orrorin tugenensis se encontró en 2001 en las colinas Tugen, Kenia. Tiene una antigüedad aproximada de 6 m.a (Mioceno). Sus restos consistían en la cabeza de un fémur, partes de la mandíbula, el húmero y alguna falange. De entre todos estos huesos, el fémur tenía gran importancia para determinar el tipo de locomoción del animal. Los primeros análisis confirmaron que tenía la capacidad de desplazarse sobre sus extremidades inferiores. Estudios posteriores evidenciaron que dicho fémur no era tan parecido al del género *Homo,* sino que recordaba al de *Australopithecus.* Además sus desarrolladas extremidades superiores denotaban un estilo de vida arborícola.

ORRORIN TUGENENSIS

Cráneo reconstruido de *Orrorin tugenensis.* Fue descubierto en las colinas de Tugen, ubicadas en Kenia (África), en 2001.

Ardipithecus ramidus fue descrito en 1994. Procedente de Etiopía, presenta una antigüedad de entre 5,8- 4,4 m.a (Plioceno). Sus restos forman eran un esqueleto relativamente completo. Sus brazos estaban adaptados a la vida arborícola, aunque no al ritmo frenético de los chimpancés. Probablemente, preferiría desplazarse a marchas lentas entre las ramas, escalando de forma deliberada. Su cadera indicaba una predisposición a la marcha bípeda, al igual que sus pies, los cuales mantienen un dígito separado del resto, el que permite a los simios actuales aferrarse a las ramas. Al contrario que el *Australopithecus,* no estaba adaptado a marchas largas sobre dos patas, aunque sin duda era mejor trepador y escalador.

ARDIPITHECUS RAMIDUS

Reconstrucción del cráneo del *Ardipithecus ramidus.* Museo Nacional de Ciencias Naturales de Madrid.

Ardipithecus era un auténtico todoterreno con versatilidad para desplazarse entre las ramas al igual que en marcha bípeda.

SAHELANTHROPUS TCHADENSIS

Cráneo del Sahelanthropus tchadensis (Toumai). Descubierto en 2001 en el desierto de Djurab en el norte de Chad, en África Central.

Sahelanthropus tchadensis se descubrió en 2001, en el Chad. Tiene una edad de entre 7 y 6 m.a (Mioceno). Sus restos consisten en un cráneo, fragmentos de mandíbula y dientes. Su capacidad craneal se ha calculado entre 320 y 380 cc, menos que un gorila actual. Su aspecto externo es parecido al de otros homínidos con el marcado torus supraorbital, hueso situado justo encima de las cuencas oculares. Sin embargo, también presenta similitudes con nosotros. Su naturaleza bípeda es incierta, ya que hay poco material de estudio.

Se considera que es más primitivo que *Orrorin*, es decir, presenta caracteres propios de ancestros de las ramas más bajas del árbol familiar.

ESTOS CANDIDATOS SON REPRESENTANTES DE RAMAS DE NUESTRO ÁRBOL GENEALÓGICO, CON SUS PROPIAS CARACTERÍSTICAS Y ES EL CONJUNTO DE TODOS ELLOS LO QUE DA SENTIDO A LOS CARACTERES QUE DESEMBOCARON EN LA FORMA HUMANA. DE NUEVO, NO EXISTE EL ESLABÓN PERDIDO.

Mioceno 7 y 6 m. a.

Plioceno 5,8 - 4,4 m. a.

ILUSTRACIÓN IDEALIZADA DEL ARDIPITHECUS RAMIDUS DE JAY H. MATTERNES.

LUCY IN THE SKY WITH DIAMONDS

Inscripción de Lucy en el Museo Nacional de Adis Abeba, en Etiopía.

En 1974, Donald Johanson y su equipo encontraron un grupo de yacimientos en Hadar, Etiopía. Tal y como nos relata el propio Johanson, el momento en el que encontraron restos de homínidos en aquel lugar fue emocionante. Se llevaron los restos al campamento y comenzaron a estudiarlos detenidamente. Era seguro que todos pertenecían al mismo ejemplar, presentaban la misma coloración y proporciones, y esas mismas proporciones sugería que era una hembra.

De fondo, un disco de los Beatles sonaba con la canción *Lucy in the sky with diamonds*. Fue en ese momento que la novia de Johanson, la cual había decidido pasar unos días en campo con su pareja, sugirió apodarla «Lucy». En un primer momento, la idea no caló en Johanson. Le pareció frívolo ponerle aquel nombre al que parecía ser un descubrimiento de gran importancia. Pero al día siguiente todos sus compañeros se referían a los fósiles con el apodo de «Lucy» y Johanson llegó a la conclusión de que «Lucy sonaba mejor que A.L 288», la etiqueta que se había asignado a los restos.

¿QUIÉN ES LUCY?

Lucy es un ejemplar de *Australopithecus afarensis*, datado con una edad de 3,2 m.a (Plioceno).

Debido al conocido dimorfismo sexual de otras especies de *Australopithecus*, el pequeño tamaño del espécimen sugería que era una hembra. Dicha hembra presenta características anatómicas muy concretas. Su cuerpo era muy parecido al de un humano moderno, sobre todo su cadera y piernas, pero tanto su cabeza como su tamaño se asemejaban más a un chimpancé. Un estudio más detallado concluyó que Lucy era un bípedo completo, aunque no se descartaba la posibilidad de que pudiera trepar a los árboles. Hasta se hipotetiza que murió al caerse de uno.

Su descubrimiento arrojaba luz sobre el camino evolutivo que llevaba al género *Homo* y de cómo

y en qué circunstancias se habían originado nuestros cuerpos. Por fin, se había encontrado un homínido bípedo sin ningún atisbo de dudas. Tuvo tanta repercusión que forma parte de uno de los hallazgos más importantes del siglo XX. Sus restos están expuestos en Museo Nacional en Adís Abeba, la capital de Etiopía, donde también hay cafés y bares con su nombre.

LA IMPORTANCIA DE AUSTRALOPITHECUS AFARENSIS

Posteriormente a Lucy, se han encontrado otros individuos de la misma especie que han contribuido a nuestro conocimiento sobre la misma.

Eran animales completamente bípedos, aunque existe debate sobre si aún hacían vida en los árboles. A pesar de que sus extremidades inferiores y sus caderas estén bien adaptadas al bipedalismo, su tren superior aún conservaba caracteres propios de la vida arborícola. Existen dos posibilidades que lo explican. O bien esos caracteres son relictos, vestigios de su ascendencia evolutiva y estos animales pasaban toda su vida en el suelo o bien aún escalaban por ellos. Las nuevas evidencias señalan una estrategia combinada: capaces de desplazarse por el suelo del bosque y refugiarse en las ramas cuando atisbasen peligro o necesitasen descansar. Esto casaría con el hábitat de esta especie: una pradera en un delta húmedo rodeado de árboles.

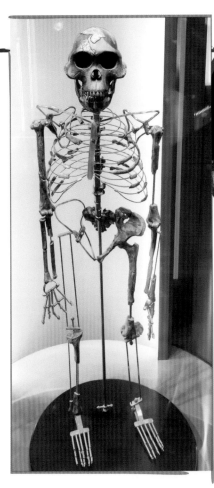

Reproducción del esqueleto de Lucy en el Museo de Historia Natural de Viena, en Austria.

Recreación de un *Australopithecus afarensis*.

Representación de la apariencia de Selam, un ejemplar de *Australopithecus afarensis*. Museo Nacional de Adis Abeba, en Etiopía.

A pesar de su indiscutible capacidad bípeda, debemos aclarar que muy probablemente no fuesen tan ágiles caminando como los humanos actuales. De hecho, el descubrimiento de ejemplares infantiles como Selam, una hembra de tres años a 10 kilómetros de donde se encontró a Lucy, nos ha ayudado a comprender mejor el crecimiento de estos organismos. Y es que Selam es el ejemplar hominino infantil más antiguo y completo que se ha encontrado.

Los jóvenes de *Australopithecus afarensis* tenían los pies más adaptados a desplazarse por las ramas de los árboles. Tenían una mayor movilidad en los dedos, al contrario que los adultos, cuyos pies son más rígidos. Pudiera ser que los jóvenes pasasen más tiempo en los árboles que los adultos, como es el caso de los gorilas actuales.

Además, estos homininos contaban con sacos de aire en la garganta que les permitían amplificar los sonidos y comunicarse a distancia con sus congéneres. Aún más interesante es el estudio de los moldes internos de los cráneos de estos individuos, hablándonos del recorrido evolutivo del cerebro humano. En esta especie, comienza a apreciarse un aumento de la capacidad craneal y unas infancias más largas en comparación a otros homínidos. De hecho, en 2009 se encontró en el yacimiento de Dikika, el mismo al que pertenece Selam, una costilla y un fémur de un animal bobino con marcas de cortes e impactos procedentes de herramientas de piedra. Con 3,4 millones de años es la evidencia más antigua que se tiene del uso de herramientas y se encuentra rodeada de restos de estos homínidos. Sin duda, estamos ante los primeros pasos de nuestro linaje.

EL ORIGEN DEL BIPEDALISMO

Animales como los dinosaurios llegaron a la marcha bípeda por un camino completamente distinto al nuestro. Este cambio se dio debido a una modificación en sus caderas que permitía que las patas se situasen justo debajo de su cuerpo. De esta forma, dado que sus patas posteriores eran mucho más largas que las anteriores, acabaron caminando apoyándose en sus cuartos traseros.

Este (nuevo) tipo nuevo de movimiento fue lo que les permitió ser los vertebrados más exitosos de su tiempo; incluso hoy mantienen su reino. No olvidemos que las aves son los vertebrados terrestres con la mayor diversidad de especies del planeta.

Sin embargo, en los homininos el proceso fue muy distinto. No solo fue necesaria una modificación en la cadera, sino muchos otros cambios.

Reconstrucción del esqueleto de Lucy en el Museo Nacional de Adis Abeba, en Etiopía.

¿QUÉ CAMBIÓ?

Nuestros ancestros contaban con una buena base por la que empezar. La posición vertical que mantienen los grandes simios al moverse entre las ramas fue clave para disponer ya de una base anatómica por la que empezar. La postura verticalizada cambió el centro de gravedad y fue la plantilla sobre la cual la evolución actuó dando lugar a la marcha bípeda.

Para empezar, cambió la posición del orificio de salida de la médula espinal en el cráneo, el foramen magnum. En otros animales este agujero se encuentra justo detrás del cráneo y la columna discurre en horizontal, paralela el suelo. En los humanos se dispone justo debajo, y ya se aprecia este cambio en ejemplares como Lucy o los candidatos anteriormente presentados. También es importante la modificación de la cadera, las rodillas y los pies, permitiendo soportar el peso corporal sobre el suelo en vez de sobre las ramas. Así, el pie «con forma de mano» de nuestros ancestros dio lugar a uno más plano y rígido, con los dedos más juntos. De hecho, existe un rastro de huellas fósiles en Laetoli, Tanzania, datadas en 3,5 m. a., que muestra huellas muy parecidas a las humanas de varios individuos que marchan a paso tranquilo. Se trata del primer paseo humano del que se tiene registro.

Reconstrucción de las huellas de Laetoli en el Museo de Ciencia de Japón, en Tokio.

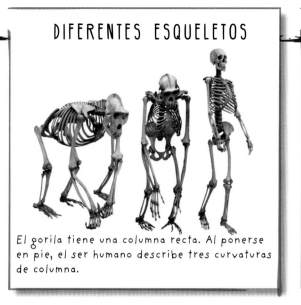

El gorila tiene una columna recta. Al ponerse en pie, el ser humano describe tres curvaturas de columna.

CURVATURA DE LA COLUMNA

Anatomía comparada del gorila frente al humano por la curvatura de la columna.

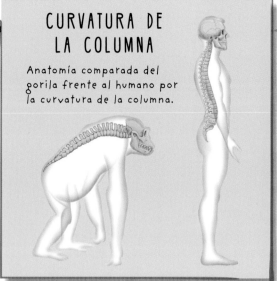

Curiosamente, como hemos visto en especies anteriores, las extremidades inferiores se adaptaron antes al bipedalismo que las superiores, otro ejemplo de evolución en mosaico. Es decir, no toda la anatomía de un organismo se resuelve en el mismo paso evolutivo, sino que aparecen linajes enteros combinando distintas características hasta que surge el género *Homo*.

CONSECUENCIAS ANATÓMICAS

Una modificación tan importante de la anatomía conlleva que se lidien con varios efectos colaterales. La evolución es como un escultor, puede sacar miles de formas de un bloque de mármol, pero toda escultura que salga está limitada por la naturaleza del material. Una estructura siempre se desarrolla de otra anterior y en numerosas ocasiones surgen problemas asociados.

Un ejemplo claro es la columna vertebral humana. La nuestra tiene un total de tres curvas, al contrario que la de los gorilas u otros primates, que es relativamente recta. Todas estas curvas surgen de la adaptación de una columna recta a la postura bípeda. El principal inconveniente es su complejidad. Una máquina sencilla es mucho más difícil que se estropee que una compleja, por el simple hecho de que tiene menos piezas y las probabilidades de que tenga un fallo son menores. Las curvas de nuestra espalda pueden crecer de forma anómala generando escoliosis y otros trastornos. Además, esta nueva postura supone

que la columna soporta mucho más peso, de ahí que los humanos tengamos una tendencia mayor a los dolores de espalda y cuello.

La postura bípeda también supuso el cambio de un elemento crucial de nuestras vidas, la reproducción.

El canal del parto de los homininos es más estrecho que el de otros simios, lo que pudo suponer un problema serio a la hora de dar a luz. Esta es una de las razones por las que el parto de las hembras humanas es de los más difíciles y dolorosos de la naturaleza. Además, el bebé se ve obligado a describir una curva a través de la cadera de su madre con el fin de abrirse paso al exterior. Incluso se hipotetiza que las crías humanas nacen antes de tiempo con respecto a otras especies. Es más fácil que una cría más pequeña salga por un canal pequeño. Esto supondría que nuestras crías tardan más en crecer y tienen infancias más largas, aunque aún se debate que sea por esta razón.

Otra consecuencia interesante es el cambio en el despliegue sexual.

Huesos de la pelvis de *Homo sapiens*.

Primates macho y hembra, mostrando su
órgano sexual o indicadores de fertilidad.

Muchas hembras de primates como los chimpancés experimentan durante el celo un hinchamiento y enrojecimiento de la piel que rodea a sus genitales. Es un indicador de que son fértiles y, al mismo tiempo, una señal atractiva para los machos de la misma especie. Sin embargo, la postura bípeda deja esta zona oculta a la vista. Es probable que los pechos femeninos surgieran para solventar este problema. Ningún otro primate tiene los senos tan grandes como nosotros; igualmente, somos el homínido con el pene más grande. Esto indica que en nuestra especie existe una gran influencia de la selección sexual, es decir, de la selección de un sexo hacia otro fomentando la herencia de ciertas características.

OTRAS CONFUSIONES EVOLUTIVAS

Más de una vez se ha explicado el origen del bipedalismo dando importancia a las plantas herbáceas de la sabana. La posición bípeda permite ganar en altura y ver a los depredadores por encima de la hierba. Por ello, se hipotetizaba que nuestros ancestros se irguieron sobre sus patas traseras y, con el paso de millones de años, se hicieron bípedos. De hecho, muchos documentales explican la hipótesis de la hierba alta de esta manera. Sin embargo, es incorrecta. Su problema radica en que explica este fenómeno evolutivo justo como lo habría hecho Lamarck.

El lamarckismo, siendo una explicación evolutiva poco acertada y anterior a Darwin, sigue teniendo actualmente vigencia en los medios. De hecho, a veces, con el fin de hacer la información más accesible y sencilla, se cae en estos errores explicando de forma equívoca estos procesos.

¿POR QUÉ SOMOS BÍPEDOS?

La hipótesis de la hierba alta se basa en la idea de que los primeros homininos vivían en la sabana y que no se habían encontrado restos de estos animales procedentes de entornos boscosos. Así, se ligó el bipedalismo a los altos pastizales, pero descubrimientos posteriores como el *Ardipithecus* y las poblaciones de *Australopithecus* que habitan entornos boscosos demostraron que esa explicación no era válida.

Aunque la sabana fue un entorno importante a la hora de determinar el origen de nuestra especie, ya existían bípedos antes de colonizarla. El bipedismo surgió como algo propio de nuestro linaje. Al igual que los tiburones martillo tienen esa cabeza característica y el resto de sus primos no, nosotros caminamos sobre nuestras piernas mientras el resto de los primates, como mucho, lo hacen de forma ocasional. De hecho, es una ventaja locomotora. El paso bípedo junto con la habilidad de escalar permitió una gran flexibilidad de movimientos a nuestros ancestros, tanto al desplazarse por el suelo como al irse por las ramas. Con el paso de millones de años surgieron especies que explotaban de distintas formas la bipedestación, hasta que finalmente se llegó a especies que la utilizaban como modo principal de locomoción. Esas nuevas formas de

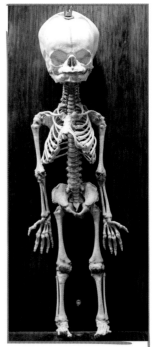

Reconstrucción de
un niño prehistórico
en bipedestación.

desplazamiento se adaptaron bien a nuevos entornos abiertos como la sabana.

Como vemos, todo este proceso no está dirigido por el esfuerzo individual de erguirse. La evolución puede tener tendencias, pero jamás tiene una meta. Se trata de un proceso de prueba y error durante el cual surgen diversas formas y el entorno las selecciona.

MALENTENDIDOS CON LA BIPEDESTACIÓN

Se suele plantear la bipedestación como la liberación del papel locomotor de nuestras manos. La mayor destreza manual se ha ligado en numerosas ocasiones a un aumento del tamaño cerebral. Pero otros primates utilizan herramientas sin ser completamente bípedos e incluso nosotros los humanos aún usamos nuestras manos para desplazarnos, por ejemplo, al escalar. La idea de que la estimulación cerebral por la mayor destreza manual o que el mayor uso de las manos desemboca en el cambio evolutivo de una estructura también es lamarckista. Pero es cierto que las primeras herramientas conllevaron el acceso a nuevos recursos alimenticios, entre ellos el tuétano.

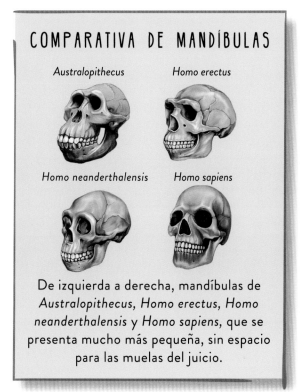

Idealización de un *Australopithecus*.

Se suele relacionar el acceso al tuétano o la carne cocinada al fuego como detonantes del aumento de nuestro encéfalo. Es decir, se sugiere que un cambio en la dieta puede modificar nuestra fisiología y anatomía. ¿Tiene esto sentido? Todo cambio necesita representarse en el ADN para preservarse. Si un carácter no se encuentra escrito en nuestro código genético, es imposible que se pueda heredar. Un cambio alimenticio no puede mutar el ADN, no puede cambiar su secuencia y crear alelos nuevos. De nuevo, estamos ante un lamarckismo.

Las muelas del juicio también han recibido su propia explicación lamarckista. Estos dientes surgen a una edad tardía y pueden provocar el desplazamiento de los demás al emerger. Se ha afirmado que estos molares son vestigiales de un pasado de alimentación más herbívora. Según esta idea, en el momento en el que comenzamos a consumir más carne estos dientes perdieron su función y ahora solo estorban. Ya hemos aclarado que el uso y desuso de una estructura no determina su camino evolutivo. De hecho, las muelas de juicio no han perdido su función. Es más, si emergen adecuadamente suponen una ventaja, pues se dispone de mayor superficie de masticación. La verdadera explicación está en que la mandíbula de *Homo sapiens* es muy pequeña. Tanto que no suele haber espacio suficiente para que surjan todos los dientes. Un cambio evolutivo caprichoso ha provocado que un órgano funcional tenga restricciones. Es un suceso muy común entre los seres vivos y no por ello esto les impide realizar sus funciones adecuadamente.

La evolución no funciona por la acción de los individuos. Si vamos al gimnasio y nos musculamos, nuestros descendientes no heredan nuestra masa muscular. El enfoque lamarckista es completamente finalista. Se centra en que las estructuras orgánicas mejoran constantemente para satisfacer las necesidades del organismo. En consecuencia, la evolución tendería siempre a la perfección. Pero, como veremos en el siguiente capítulo, la perfección en biología no existe.

COMPARATIVA DE MANDÍBULAS

Australopithecus

Homo erectus

Homo neanderthalensis

Homo sapiens

De izquierda a derecha, mandíbulas de *Australopithecus, Homo erectus, Homo neanderthalensis* y *Homo sapiens*, que se presenta mucho más pequeña, sin espacio para las muelas del juicio.

LA EVOLUCIÓN COMO MECANISMO IMPERFECTO

El cuerpo humano se ha considerado a lo largo de la historia como un ideal de perfección. Se suele pensar en él como una máquina perfecta que funciona de forma maravillosa, sin apenas tener fallos. De ahí surgió la idea del «diseño inteligente». Nuestros cuerpos y los de todas las criaturas no podían ser producto del azar. Tenía que existir un ingeniero, un creador detrás de tanta maravilla. Efectivamente, este es uno de los argumentos que esgrimen las corrientes creacionistas. Pero nada más lejos de la realidad.

El hecho de que en la evolución exista azar no significa que toda ella se deba a él. Hemos expuesto cómo funciona la selección natural, las tendencias evolutivas y la variabilidad genética. Es más, nuestros cuerpos son el resultado de millones de años de modificaciones de diversas estructuras. De hecho, todos esos cambios han dejado su huella tanto en nuestros genes como en nuestra anatomía.

NADIE ES PERFECTO

En páginas anteriores hemos comentado una serie de aspectos del ser humano que son producto de su historia evolutiva y constituyen, hoy en día, obstáculos para un funcionamiento más eficaz.

La placenta es un órgano pésimo a la hora de transferir oxígeno al feto, lo cual se ha compensado con cortocircuitos del sistema circulatorio y una hemoglobina fetal que roba el oxígeno de la madre. El canal del parto es tan pequeño que dar a luz es una tarea ardua y dolorosa. Tenemos tendencia a los dolores de espalda por cómo está «diseñada» nuestra columna. La sangre cargada de oxígeno y nutrientes que sale del corazón pasa por la aorta, la cual en vez de situarse hacia arriba describe una curva hacia abajo. Poner la salida de una bomba en la dirección contraria hacia donde hace más fuerza no tiene ningún sentido técnico. Los pulmones siempre quedan con aire residual que no sirve para el

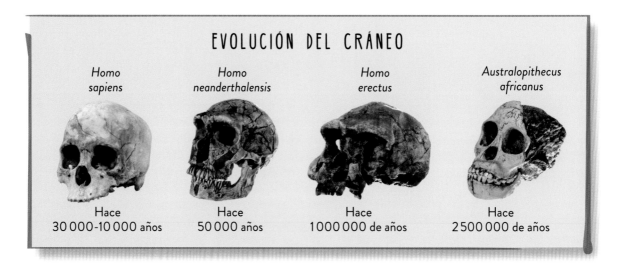

EVOLUCIÓN DEL CRÁNEO

Homo sapiens	*Homo neanderthalensis*	*Homo erectus*	*Australopithecus africanus*
Hace 30 000-10 000 años	Hace 50 000 años	Hace 1 000 000 de años	Hace 2 500 000 de años

ANATOMÍA DE LA PLACENTA

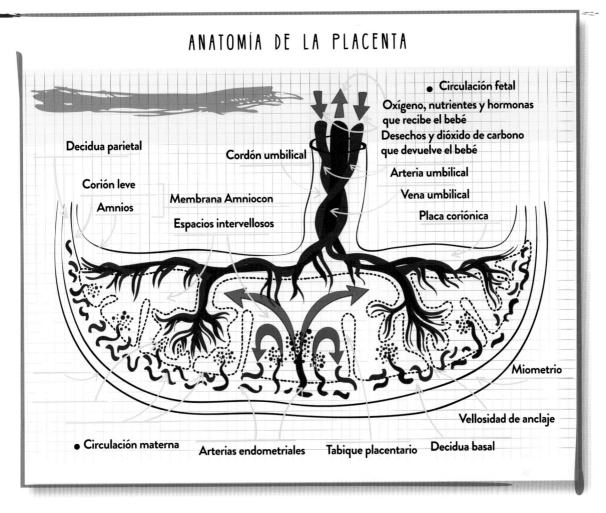

Decidua parietal

Corión leve

Amnios

Cordón umbilical

Membrana Amniocon

Espacios intervellosos

● Circulación fetal

Oxígeno, nutrientes y hormonas
que recibe el bebé
Desechos y dióxido de carbono
que devuelve el bebé

Arteria umbilical

Vena umbilical

Placa coriónica

Miometrio

Vellosidad de anclaje

● Circulación materna   Arterias endometriales   Tabique placentario   Decidua basal

intercambio gaseoso. Somos incapaces de mantener el equilibrio en una línea con los ojos cerrados. No podemos saborear los alimentos sin el sentido del olfato. Incluso nuestros ojos tienen fallos de procesamiento que generan las famosas ilusiones ópticas.

Todos estos «desajustes» se deben a la historia evolutiva de nuestros cuerpos y nos hablan de cómo se han ido configurando y cómo se han modificado a partir de unas estructuras anteriores. Como ocurre con una escultura de arcilla que se crea en torno a un soporte, puedes ir añadiendo muchos elementos, pero siempre se ha de partir de esa estructura de soporte básica. Del mismo modo han funcionado las modificaciones que han sufrido nuestros cuerpos.

Un ejemplo es el nervio frénico. Este nervio es el que permite la contracción de nuestro diafragma. Lo más

lógico sería pensar que conecta con el diafragma y surge de la médula espinal justo en los segmentos torácicos. Sin embargo, lo cierto es que el nervio pasa por detrás de los pulmones y nace de la médula a la altura del cuello. No tiene absolutamente ningún sentido funcional. Es consecuencia de la historia evolutiva de nuestro cuerpo. Tiempo atrás toda la maquinaria respiratoria se situaba cerca de la cabeza, donde se encontraban las branquias. En el momento en el que surgieron los pulmones y se respiró aire cambió por completo la conformación del aparato respiratorio, pero los nervios siguieron siendo los mismos y por ello se han desplazado tanto.

LA IMPERFECTA BIOLOGÍA

La perfección en biología significa la muerte. Los seres vivos más especializados a su entorno suelen ser los primeros en extinguirse. En otras palabras, se han adaptado tan bien que si se produce un

El *nautilus* es una de las pocas especies que ha sabido sobrevivir sin muchos cambios. Puede presumir de tener un diseño que ha resultado muy eficiente.

cambio no son capaces de sobrevivir. Por esta razón es tan fundamental la variabilidad y la diversidad. En un mundo cambiante, lo estático perece y se mantiene el caos y el dinamismo. Es cierto que en ambientes estables como las selvas amazónicas hay una gran diversidad de especies, pero esto se debe a la propia estabilidad inusual que ofrecen. Las condiciones estables favorecen la aparición de especies especializadas que se hacen su hueco en el ecosistema. Imaginemos que queremos sentarnos en un salón con numerosos sofás, pero están todos ocupados. Nos queda la opción de sentarnos en los brazos de esos sofás, en el suelo, apoyarnos en las paredes e incluso sentarnos encima de otra persona. Es justo lo que hacen las plantas tropicales. Pero si el salón no está ocupado a ciertas horas del día o siempre hay un sitio sin ocupar, es el que ocuparemos nosotros; esto mismo suele suceder en la mayoría de los ecosistemas. Pero supongamos que en el salón del que hablamos de repente llega una mudanza y se llevan algunos sofás junto con la gente que estaba sentada encima, ya sea en los asientos como en los brazos, y otros emplazamientos. Esas personas se quedan sin asiento y si no encuentran otro, se van. Esto es exactamente lo que pasa con las especies especializadas. Si no se adaptan, se extinguen. Por ello, lo deseable es tener linajes diversos que puedan tener una gran capacidad de adaptación.

A todo esto, hay que añadir que la naturaleza es vaga. Si una estructura funciona bien y permite a su portador dejar descendencia, no hay necesidad de cambiarla. Por eso numerosos organismos se han mantenido durante millones de años sin grandes

cambios aparentes, como ocurre con las lampreas o los nautilus. Esto no quiere decir que la evolución no actúe en ellos, sino que no se dan grandes cambios morfológicos y conservan un aspecto muy similar a sus parientes fósiles.

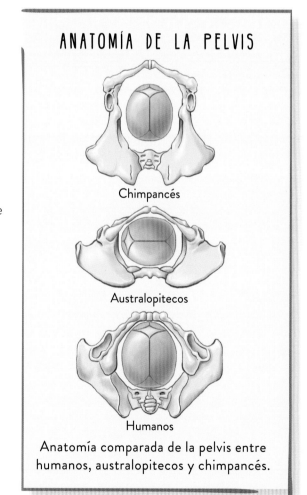

ANATOMÍA DE LA PELVIS

Chimpancés

Australopitecos

Humanos

Anatomía comparada de la pelvis entre humanos, australopitecos y chimpancés.

Si mirásemos la estructura ósea de nuestra mano y la de un chimpancé, no sería tan diferente... aunque entraña una historia evolutiva distinta.

Los cambios del ADN desembocan en distintas anatomías.

CAMBIOS ANATÓMICOS EN LA EVOLUCIÓN

La anatomía de los homininos ha sufrido diversos cambios a lo largo de su historia evolutiva. Sabemos que esos cambios están codificados en el ADN y se expresan en nuestros cuerpos, pero ¿cómo sucede ese proceso? ¿Cómo pasamos del manual de instrucciones a la obra completa? La respuesta está en el desarrollo.

Para ello, diferenciamos la formación individual de la historia evolutiva del grupo. La ontogenia es el proceso a través del cual nuestro organismo cambia a lo largo de nuestra vida, es decir, durante el desarrollo embrionario, el crecimiento e incluso la vejez. Por su parte, la filogenia es la historia evolutiva de nuestro linaje, que se expresa de una forma u otra en nuestros cuerpos.

La importancia del desarrollo en la evolución radica en su conexión con el cambio evolutivo. No hay más que ver el desarrollo embrionario de los humanos. En los primeros estadios presentamos branquias, como los peces, e incluso tenemos colas. De hecho, un embrión humano en sus primeras fases no se diferencia apenas del de un perro o un cerdo. Solo empieza a presentar una forma humana reconocible en fases más avanzadas. A esto hace referencia la famosa frase de Ernst Haeckel: «La ontogenia recapitula la filogenia».

UN NUEVO ENFOQUE

Actualmente nos encontramos ante un cambio en el entendimiento de la biología evolutiva. La genética, la paleontología y la embriología han fusionado sus saberes en lo que se conoce como evo-devo (del inglés *Evolutionary Developmental Biology*). Esta nueva perspectiva establece como punto central el

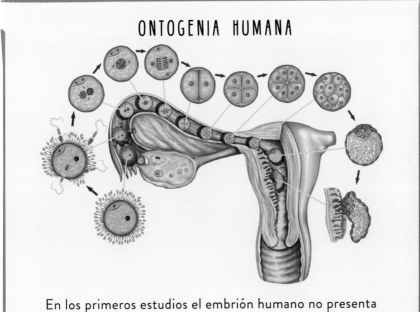

ONTOGENIA HUMANA

En los primeros estudios el embrión humano no presenta diferencias con otros animales; solo pueden apreciarse conforme se desarrolla, es entonces cuando aparece la diversidad.

desarrollo, convirtiéndolo en el epicentro y origen de la diversidad de formas de los seres vivos. Son los cambios en el desarrollo y la posibilidad de que estos se hereden lo que genera las distintas morfologías de todo lo que apreciamos en la naturaleza. Las muelas del juicio, que hemos comentado con anterioridad, están sujetas a estos cambios. Vemos cómo en unos individuos emergen antes o después o, directamente, no aparecen. Estas fluctuaciones se deben a cambios en el desarrollo de la dentadura. Cada individuo lleva un particular ritmo de desarrollo en cada uno de sus caracteres. Si esos cambios están codificados en el ADN es cuando esa modificación cobra sentido en el contexto evolutivo.

LA INFLUENCIA DEL DESARROLLO EN EL SER HUMANO

Ya desde el niño de Taung y Lucy podemos apreciar ciertas tendencias en la modificación de diversos elementos. Los dientes y la mandíbula se hacen más pequeños, las piernas más largas, el encéfalo más grande y los brazos se acortan. Todos estos cambios acabarán desembocando en la morfología del ser humano moderno. De hecho, se ha planteado la hipótesis de que nuestro linaje ha ido ralentizando su crecimiento y conservado caracteres más propios de ejemplares juveniles. Es

decir, somos más parecidos a crías de chimpancés que a los adultos de esa especie. Esta comparación se debe a que estos animales jóvenes muestran unas proporciones semejantes a las de un humano moderno: principalmente, sus cráneos son más redondeados y sus mandíbulas más pequeñas. Incluso los brazos son más cortos en proporción al resto del cuerpo. Estas proporciones cambian durante el desarrollo, alargándose el cráneo y formándose una mandíbula más prominente.

Este fenómeno, el de retener rasgos juveniles, se conoce como neotenia y sucede en otros animales como los ajolotes, que retienen las branquias de su estado larvario en la fase adulta de su existencia. Incluso se ha asociado la neotenia al crecimiento de nuestro cerebro, ligando nuestras largas infancias y cerebros más grandes en relación con nuestros cuerpos a esa retención de características juveniles. Sin embargo, nuevos estudios ponen en duda que la totalidad de la configuración humana se deba a un único fenómeno de cambio ontogenético. Como hemos visto anteriormente, los chimpancés y los humanos han llevado caminos evolutivos distintos. La naturaleza humana es el compendio de una gran diversidad de modificaciones en nuestro crecimiento. Nuestras mandíbulas se empequeñecen, pero nuestros cerebros crecen. Nuestros brazos se acortan, pero nuestras piernas se alargan. La evolución en mosaico se hace patente; más que un único fenómeno neoténico estamos conformados por multitud de cambios de distinta índole. Somos el resultado de un enorme puzle de transformaciones.

La evolución humana está más cerca del desarrollo de los ejemplares de crías de chimpancé o bonobo (en la foto) que de los ejemplares adultos. A la derecha, imagen de ajolote que retiene rasgos de inmadurez en la edad adulta.

UN PUZLE DE HUESOS

La mayoría de los ejemplares que se han tratado en este libro son producto de la reconstrucción a partir de diversas partes del cuerpo; en muy raras ocasiones se ha podido contar con esqueletos parcialmente completos. Si el proceso de fosilización requiere ya unas condiciones muy específicas, la conservación de los restos hasta la actualidad es un obstáculo adicional. A esto hay que añadir que los fósiles sean descubiertos y tratados por expertos, no por aficionados o desaprensivos, y que se encuentren todos aquellos restos que han superado la prueba del tiempo.

La búsqueda de fósiles es un proceso arduo. De hecho, como queda dicho, en muy contadas ocasiones se descubre un esqueleto completo. Lo más normal es que se encuentren fragmentos de distintas partes del cuerpo separadas entre sí.

RELLENANDO LOS HUECOS DEL REGISTRO

¿Pero cómo hacen entonces los paleontólogos para reconstruir ejemplares completos? ¿Acaso nos engañan? Nada más lejos de la realidad. Utilizan una serie de técnicas que les permiten establecer cómo era el animal completo a partir de los datos obtenidos.

COMPARACIONES QUE NO SON ODIOSAS

Georges Cuvier dio a la paleontología una poderosa herramienta: la anatomía comparada. Esta disciplina se basa en encontrar rasgos únicos en el esqueleto o en otros fósiles que solo presentan determinados taxones. Cuando encontramos una pluma en la playa, inmediatamente pensamos que pertenece a un ave. ¿Por qué? Porque sabemos que solo las aves presentan ese tipo de tegumento. En los fósiles es exactamente igual. Si descubrimos unos dientes idénticos a los pertenecientes a tiburones actuales, probablemente proceden de un escualo. Si encontramos un cráneo con dos agujeros en los laterales, sabemos que es un diápsido. Si nos topamos con una escápula (u omoplato) que presenta una cresta pronunciada donde se insertan poderosos músculos, es muy probable que sea un felino, ya que solo ellos presentan esta característica.

Pero este juego de identificación-deducción no termina aquí. El estudio anatómico también nos ayuda a descubrir cómo se ha modificado la morfología con el tiempo. Sabiendo que toda estructura procede de otra anterior, se establece lo que se conoce como homología. Dos órganos son homólogos cuando proceden de la misma estructura, aunque pertenezcan a animales distintos

Retrato del Baron Georges Cuvier procedente de los libros *Meyers Lexicon*, una colección de 21 volúmenes publicados entre 1905 y 1909.

COMPARATIVA ANATÓMICA

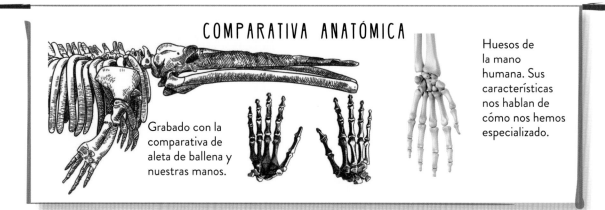

Grabado con la comparativa de aleta de ballena y nuestras manos.

Huesos de la mano humana. Sus características nos hablan de cómo nos hemos especializado.

y físicamente no parezcan tener relación. La aleta de una ballena y una de nuestras manos no parecen guardar grandes semejanzas, pero si nos detenemos a estudiar su anatomía ósea la cosa cambia. Ambas están constituidas por los mismos huesos, pero cada una cuenta una historia evolutiva distinta. Los órganos homólogos no deben confundirse con los órganos análogos, que son aquellos que físicamente se parecen, pero no tienen ninguna conexión evolutiva entre ellos. Un ejemplo son las alas de las aves y las de los insectos que no proceden de las mismas estructuras y no están emparentadas. La

analogía surge porque distintos órganos terminan adoptando a rasgos similares a la hora de cumplir la misma función. La homología, en cambio, surge como resultado del pasado evolutivo.

Utilizando caracteres homólogos, y comparando con organismos fósiles y actuales, se determina a qué familia pertenece los restos del esqueleto que estamos desenterrando. De esta forma, podemos reconstruir el aspecto completo de un animal que vivió en la noche de los tiempos a partir de un puñado de datos. Obviamente, este proceso puede

COMPARATIVA DE EXTREMIDADES DE DISTINTOS ANIMALES Y EVOLUCIÓN

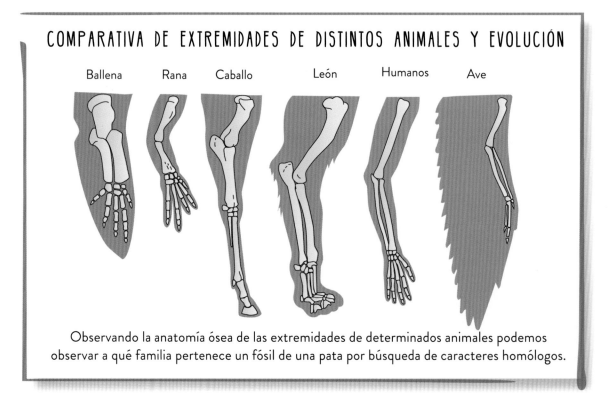

Ballena   Rana   Caballo   León   Humanos   Ave

Observando la anatomía ósea de las extremidades de determinados animales podemos observar a qué familia pertenece un fósil de una pata por búsqueda de caracteres homólogos.

Ilustración en 3D del monstruo de Tully.

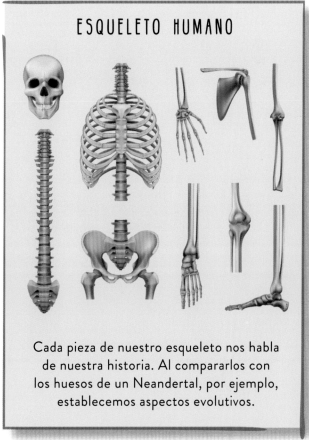

Fósil del monstruo de Tully.

tener sus fallos. Si no se encuentran huesos de zonas cruciales para determinar el linaje del fósil, es complicado atribuir a quién o a qué perteneció. En estas circunstancias, será necesario descubrir más restos y recabar más datos. Incluso existen fósiles que actualmente son un rompecabezas para los paleontólogos, pues no casan con ningún animal que se conozca actualmente, como el monstruo de Tully.

RECONSTRUYENDO ESQUELETOS HUMANOS

Nuestra especie es muy joven. Llevamos en el planeta apenas unos cientos de miles de años. Sin embargo, este dato juega a nuestro favor a la hora de estudiar nuestra ascendencia. Afortunadamente, en paleoantropología contamos con numerosos ejemplos actuales de representantes de nuestro linaje.

Hemos comparado nuestros ancestros con nuestros primos los primates constantemente. Existen una gran cantidad de caracteres homólogos entre nosotros que nos permiten entender cómo ha cambiado la naturaleza de los homininos a lo largo de nuestro viaje evolutivo. Ya hemos visto de dónde procede la verticalidad de nuestra postura, alimentación, visión, reproducción o tamaño cerebral, entre otros aspectos. Este conocimiento se ha logrado gracias a la comparación constante

con los seres vivos conocidos y emparentados con nosotros; esto nos ha permitido entender nuestro viaje como especie. Además, no solo los estudios anatómicos nos han ayudado a entender el origen de nuestra poco habitual forma de desplazarnos. Los fósiles indirectos, como las huellas, también han tenido importancia en el conocimiento de nuestros cuerpos.

Aunque la anatomía nos ofrezca un amplio conocimiento del aspecto en vida de los organismos, disponemos de una herramienta muy poderosa que se puede utilizar en contadas ocasiones: la genética. En huesos muy recientes, que aún no hayan sufrido procesos de fosilización completos, es posible extraer ADN. Así tenemos acceso a información privilegiada de esos individuos. Es el caso de los neandertales, de los cuales tenemos una imagen mucho más completa que del resto de nuestros ancestros.

ESQUELETO HUMANO

Cada pieza de nuestro esqueleto nos habla de nuestra historia. Al compararlos con los huesos de un Neandertal, por ejemplo, establecemos aspectos evolutivos.

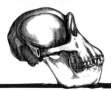

RECONSTRUYENDO NUESTRO ÁRBOL GENEALÓGICO

Todos los descubrimientos y pesquisas que acabamos de ver arrojan luz sobre el origen de la naturaleza humana. Conocer la historia de las distintas especies que comparten nuestro linaje hace que sepamos más de nosotros mismos. Así, comprendemos los fenómenos que han originado nuestros cuerpos, nuestra cultura, nuestras estrategias reproductivas, el cerebro, la dieta, y un largo etcétera.

Curiosamente, la forma clásica de entender el origen de las distintas especies humanas ha sido señalando específicamente a unas como el origen de otras. Se planteaba como una secuencia lineal, pero en realidad es una ramificación. Cuando, por ejemplo, se dice que *Homo heidelbergensis* «originó a los neandertales», más bien hace alusión a que es una rama paralela anterior a ellos. Lo mismo sucede al atribuir nuestra ascendencia a los australopitecus. El *Australopithecus afarensis* no se convirtió en *Homo*. Nosotros somos una rama paralela. Sin embargo, los australopitecus nos permiten visualizar los pasos evolutivos que han tenido lugar y nos ayudan a hacernos una idea del aspecto de nuestro antecesor común.

Las especies que descubrimos son fotografías, imágenes fijas, de un proceso en constante estado de flujo como es la evolución. Hay miles de pasos intermedios que no podemos ver. Incluso el ritmo de cambio puede variar. Aun así, los fósiles nos ayudan a reconstruir, de alguna forma, todo el trayecto.

¿CÓMO SE CONSTRUYE?

Un árbol o cladograma nos permite estudiar las relaciones de parentesco entre distintas especies u otros taxones. Es decir, nos ayuda a visualizar cuál es nuestra procedencia y qué miembros del reino animal son nuestros primos más cercanos.

Como se mencionó anteriormente, necesitamos reconocer grupos naturales con el fin de generar un árbol correcto, grupos que engloban un antecesor con todos sus descendientes. ¿Cómo se identifican estos descendientes? Pensando en cómo funciona la especiación. De un antecesor común surgen siempre dos ramas a las cuales llamamos especies o taxones hermanos. Por lo tanto, es de esperar que estos hermanos compartan una serie de caracteres

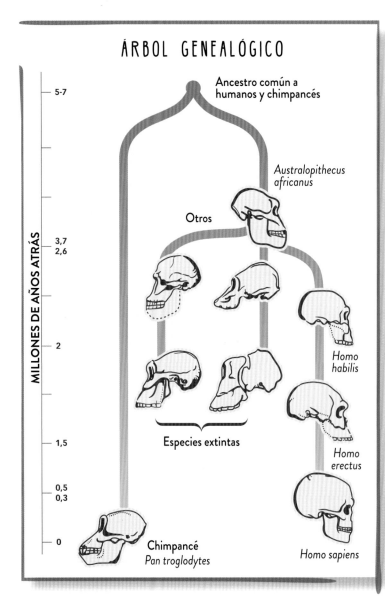

ÁRBOL GENEALÓGICO

MILLONES DE AÑOS ATRÁS

5-7
Ancestro común a humanos y chimpancés

Australopithecus africanus

Otros

3,7
2,6

2
Homo habilis

Especies extintas

1,5
Homo erectus

0,5
0,3

0
Chimpancé
Pan troglodytes

Homo sapiens

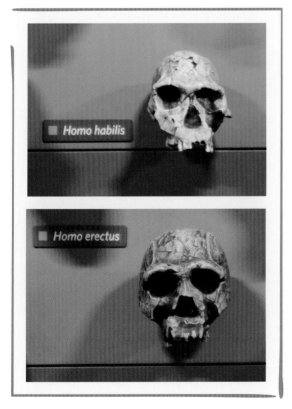

A la izquierda, cráneo de *Homo heidelbergensis* comparado con un cráneo actual a la derecha.

fragmentado y muy deteriorado. La excepción son los restos muy recientes que aún conservan materia orgánica, como es el caso de los huesos de neandertales. Sin embargo, podemos estudiar los organismos actuales y, a partir de su genética, determinar el parentesco que tienen entre ellos. La genética sirve de gran ayuda a la paleontología a la hora de verificar los cladogramas y el parentesco establecido entre distintos grupos.

Otra herramienta que se utiliza es el principio de parsimonia. Si se establecen distintos árboles familiares posibles con los datos que tenemos de la genética y la paleontología, se selecciona aquel que sea más parsimonioso. Es decir, partiendo del hecho de que la naturaleza es «vaga», lo más probable es que el árbol correcto sea aquel en el que se dan un menor número de cambios evolutivos en el linaje. Este principio no es infalible, pero guarda una probabilidad alta de acierto. Finalmente, una vez establecido el árbol familiar, es importante poner los datos en un contexto temporal. Gracias a la datación conocemos qué especies fueron anteriores a otras o si incluso llegaron a coexistir.

hereditarios debidos a su descendencia de aquel antecesor común. Son como dos hermanos que heredan el pelo negro de su padre. Estos caracteres compartidos son los que se utilizan a la hora de definir taxones. De ahí que la anatomía comparada sea tan útil con fósiles y animales actuales. Además, los propios genes pueden actuar como caracteres compartidos y pueden definirse especies gracias a análisis genéticos. No obstante, los fósiles no son capaces de preservar material genético, y si lo hacen en rarísimas ocasiones, este se encuentra

EL ÁRBOL HUMANO

Resumiendo, nuestra «genealogía evolutiva»: procedemos de primates arborícolas. Nuestro linaje pasa por los monos del viejo mundo, grupo del que surgieron los grandes simios, los homínidos. Entre ellos, nuestro pariente actual más cercano, el chimpancé, brota la rama de los homininos.

Los homininos nacieron con representantes como *Orrorin*, *Sahelanthropus* y *Ardipithecus*. Todos ellos son ramas basales de este taxón al que pertenecen los humanos actuales. De esta base, se ramifican varias especies, desde los australopitecus, como *Australopithecus afarensis*, a otras menos conocidas, como *Paranthropus*. Finalmente, una rama paralela a los *australopitecus* sería la que nos generaría a nosotros: el género *Homo*.

Cráneos de *Homo habilis* (arriba) y *Homo erectus* (abajo).

EL VALLE DEL RIFT

El Gran Valle del Rift abarca desde el norte de Etiopía y Yibuti hasta Mozambique; recorre de norte a sur el este del continente africano. Cuando se descubrió, los geólogos quedaron impresionados por su magnitud. Aquel valle no lo había excavado ningún río. Una fuerza mucho mayor había intervenido en su creación, una fuerza procedente de las entrañas de la Tierra. Aquella gigantesca brecha que extendía su influencia hasta la península arábiga y es causante de la formación del mar Rojo se había originado por la tectónica de placas.

Vista del desfiladero del barranco Olduvai, uno de los lugares paleontológicos más importantes, en el Gran Valle del Rift, en Tanzania.

Esta formación de 4500 kilómetros de longitud tiene su origen en el manto. Hace 45 millones de años surgió un punto caliente debajo de la corteza terrestre en esta zona. El manto fue emergiendo y provocó la separación de la corteza en dos placas. Los materiales del manto empujaban a las placas del este y del oeste africano. Así nació el Gran Valle del Rift. Mientras en otros puntos de la Tierra las placas tectónicas se subducen y destruyen, aquí se formó corteza nueva. El resultado es una planicie inmensa rodeada de relieves montañosos, que son producto de la actividad volcánica de la región. Hoy en día, el valle se sigue expandiendo. Llegará un momento en que este se abra por completo y empiece a inundarlo el mar. Así, el cuerno de África se separará del resto del continente. De hecho, ya en el mar Rojo se ha iniciado este proceso; los grandes lagos que salpican el este africano son otra prueba más del futuro de lo que se conoce como «cuna de la humanidad».

LAS DOS CUNAS
El triángulo de Afar, localizado en esta enorme formación geológica del oriente africano, posee una enorme riqueza en yacimientos paleoantropológicos. Dentro de él se se encuentran emplazamientos

Salón del Trono en las Cuevas de Cango, que están situadas en una cresta de piedra caliza paralela a la cordillera Swartberg en Oudtshoorn, en Klein Karoo, Sudáfrica.

como Hadar (allí se encontró a Lucy) o Dikika (Selam), entre otros de gran importancia. Tal es su relevancia que a menudo se ha referido a la historia humana de esta región como «*East side story*». A pesar de los numerosos yacimientos de homininos

Reconstrucción del cráneo de *Ardipithecus ramidus* del Museo de Historia Natural Lee Kong Chian, Singapur, basado en un especímen encontrado en la región de Afar en Etiopía.

Vista panorámica del Gran Valle del Rift en Uganda, África.

y sus herramientas en esta región, existe otro lugar que le disputa el honor de acoger al nacimiento de la humanidad: Sudáfrica.

Desde el descubrimiento del niño de Taung, Sudáfrica se convirtió en un territorio interesante a la hora de estudiar nuestras raíces. Cuenta con una serie de yacimientos en cuevas, entre ellas el complejo de Drimolen, donde se encontraron indicios de convivencia de distintos homininos. En un principio, el hallazgo de *Australopithecus africanus* pareció indicar que en el sur se situaba el origen de los humanos y que los estudios debían detenerse ahí. Descubrimientos posteriores, como el de Lucy, desplazaron el foco

de atención hacia el noreste. Además, la naturaleza volcánica del Rift permitía una datación más precisa de los restos gracias a los estratos de sedimentos volcánicos. Las cuevas del sur no ofrecían esta ventaja, ya que la caliza, material predominante en este caso, se disuelve con facilidad provocando la alteración de la disposición de los fósiles y del sedimento que los rodea. En las últimas décadas, Sudáfrica ha recobrado una gran importancia gracias al descubrimiento de *Homo naledi* y *Australopithecus sediba*, del cual se sospecha que quizá sea un grupo hermano de *Homo*. Sea como fuere, ambos lugares tienen una gran importancia en el estudio de la historia evolutiva del ser humano. Cada uno aporta distintos datos de distintas épocas y lugares. Ninguna es más importante que la otra; ambas arrojan luz de forma conjunta a los orígenes de nuestro linaje.

EL CLIMA DEL RIFT Y NUESTRO ORIGEN

La formación del valle del Rift no solo supuso una remodelación del paisaje, sino del clima y la distribución de las especies.

Los movimientos tectónicos alteran las corrientes oceánicas, la salinidad de los mares, la incidencia del albedo en la zona y otros muchos factores. Mientras se originaba esta gran planicie, estaba sucediendo un importante cambio climático en África. El clima pasó a ser más seco y frío. Los bosques húmedos predominantes en la zona, que habían albergado a muchos de nuestros ancestros, como *Ardipithecus*, necesitaban temperaturas cálidas y humedad. El cambio del clima supuso la extensión de la sabana, un ecosistema más seco y con una marcada estacionalidad. Mientras que los bosques húmedos presentan unas condiciones muy estables durante todo el año, la sabana cuenta con una alternancia de estaciones lluviosas y sequías.

Al oeste del valle se mantuvieron gran parte de esos bosques; allí se mantuvieron muchos homininos y nuestros parientes homínidos actuales. Pero al este, donde se extendía principalmente la sabana y el bosque seco estacional, es donde surgieron los antecesores de *Homo*.

ROBUSTOS Y GRÁCILES: DOS CATEGORÍAS

Los distintos ambientes que se formaron en África dieron lugar a multitud de organismos diferentes. Incluso podemos observar esa variabilidad dentro de nuestro propio linaje. En África, no solo cohabitaban *Australopithecus* y *Homo*. Existía otro género, otro grupo de homininos distinto: *Paranthropus*.

El descubrimiento de *Paranthropus* llevó a considerarlo un australopitecino y a clasificarlo en dos categorías: los **gráciles** y los **robustos**. Los gráciles se adjuntaban a todas las especies conocidas de *Australopithecus*, que presentaban esqueletos más livianos y esbeltos. Mientras, los robustos

Reconstrucción idealizada de un *Australopithecus afarensis* en Washington D.C. en 2016.

cobijaban a las distintas especies de *Paranthropus*, que presentaba un esqueleto corpulento y unas potentes mandíbulas. Incluso el cráneo de estos últimos se asemejaba más al de un gorila.

EL CASCANUECES

Paranthropus vivió entre 2,6 y 0,6 m. a. en el pasado (Pleistoceno). En un primer momento, recibió la denominación de *Zinjanthropus boisei* que pasaría a ser *Paranthropus boisei*. Pero es más conocido por su apodo de «el hombre cascanueces». Este apelativo hace referencia a su enorme mandíbula, mucho mayor a la de cualquier *Australopithecus* conocido. Es más, los dientes de *P. boisei* son los más grandes de entre todos los homínidos conocidos.

Su físico era mucho más tosco y recio que el de los australopitecos gráciles. A esto contribuían sus fuertes extremidades anteriores que, si bien no le permitían sostenerse en las ramas como nuestros primos homínidos actuales, sí indican que era un buen escalador. Mas estos fornidos brazos no suponían un detrimento en su destreza manual y, de hecho, se han encontrado herramientas en yacimientos con fósiles de estos animales. Aún así, esos mismos yacimientos presentan restos de *Homo*, por lo que no es seguro afirmar que *Paranthropus* sea autor de dichos utensilios. Durante largo tiempo se pensó que una mandíbula tan superlativa indicaba que esta criatura se alimentaba principalmente de semillas y nueces que cascaba con los dientes. Sin embargo, estudios posteriores han demostrado que este singular aparato masticador se empleaba mayormente en consumir materia vegetal muy abrasiva como puede ser la hierba.

La dieta de este animal ha sido motivo de debate. En un principio se catalogó como especialista, una especie que consumía preferentemente alimentos vegetales duros, ligando toda su existencia a los bosques húmedos. De hecho, este factor se postuló como causa de su extinción. Los animales especialistas presentan más dificultades a la hora de adaptarse a un entorno cambiante. La reducción de las masas boscosas y el crecimiento de las

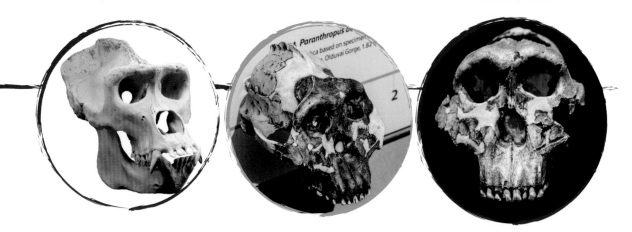

Izquierda. Cráneo de un gorila, muy similar al de *Paranthropus*. Centro. Réplica basada en el individuo OH5 *Paranthropus boisei*, Museo de Historia Natural de Singapur, procedente de Olduvai, Tanzania. Derecha. Cráneo de *Paranthropus boisei* en el Museo Arqueológico Nacional de Madrid.

sabanas habrían supuesto su condena. Especies más generalistas como el nuevo género *Homo* fueron las que consiguieron resistir en este nuevo entorno estacional y seco. Nuevos estudios han demostrado que esta hipótesis era errónea.

Paranthropus llevaba una dieta mucho más variada de lo que se apuntó en un principio. *Paranthropus boisei*, por ejemplo, se alimentaba principalmente de raíces y tallos, como los chimpancés actuales. Aunque en su entorno no abundaban las hojas de las cuales obtener proteínas esenciales, quizá complementara su dieta con algunos animales. Las plantas como el papiro, de las que se nutrían crecen en zonas de bosque húmedo, las mismas en las que viven los chimpancés actuales. Esto indica que la alimentación de estos homininos era mucho más diversa de lo que en principio se pensó. Si a eso añadimos los nuevos descubrimientos que apuntan a que consumía herbáceas, nos encontramos con un grupo animal capaz de vivir, al menos en parte, en la sabana. Esta dieta variada y cambiante contrasta con la idea de que este animal fuese un especialista.

LA DESAPARICIÓN DE LOS ROBUSTOS

Australopithecus, *Paranthropus* y *Homo* convivieron en el mismo periodo de tiempo y espacio, tal y como evidencian los restos dejados por estos tres grupos en yacimientos como la cueva de Drimolen, en Sudáfrica. De los gráciles acabaría surgiendo el género *Homo* mientras que los robustos se extinguieron, dejando una rama rota, al igual que el resto de sus primos *Australopithecus*.

La desaparición de *Paranthropus* no es debida a su dieta especializada, sino a las fluctuaciones climáticas. Por muy versátil que fuese la dieta de estos animales, los entornos boscosos en los que vivían se vieron reducidos. Se hipotetiza que este cambio de distribución de los ecosistemas acorraló el nicho de esta especie, que fue incapaz de competir con otros primates herbívoros o los nuevos *Homo*. Estos homininos desaparecerían finalmente hace 600 000 años dejando un interrogante tras de sí: ¿cómo hubiera sido la humanidad si su linaje hubiese sobrevivido?

EVOLUCIÓN DEL CRÁNEO

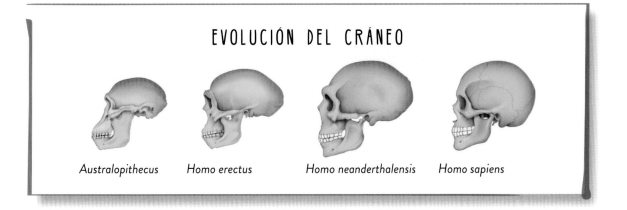

Australopithecus   *Homo erectus*   *Homo neanderthalensis*   *Homo sapiens*

LA SABANA COMO CALDO DE CULTIVO DE LA HUMANIDAD

El Plioceno es conocido por presentar grandes fluctuaciones climáticas, las famosas glaciaciones a finales del periodo, y por los cambios acontecidos en los ecosistemas africanos. Centrémonos en lo sucedido en el este africano hace tres millones de años.

El periodo húmedo y cálido predominante en el continente se vio interrumpido por un aumento de la aridez. En consecuencia, los bosques cerrados y húmedos empezaron a ceder terreno a entornos más abiertos. Poco a poco, se fue extendiendo el bosque seco africano y con él un ecosistema de gran importancia, la sabana.

Este nuevo ambiente brindó nuevas oportunidades a diversos taxones como las herbáceas, los animales pastadores y, también, a los primeros *Homo*.

Izquierda, vista de la sabana africana. Derecha, *Cercopithecus neglectus*, primate del humedal de África Central.

¿QUÉ CAMBIÓ A LOS SERES HUMANOS?

La sabana se diferencia del bosque húmedo no solo en ser más seca, sino en su estacionalidad. En ella se alternan una estación seca y otra lluviosa, lo que conlleva una mayor inestabilidad que en los entornos propios de los bosques ya mencionados. Sin duda, estos ecosistemas presentaban un nuevo reto para la vida. Algunas especies permanecieron en los bosques, otras se adaptaron a la sabana, e incluso algunas se asentaron en la tierra de nadie que se encontraba entre ambos espacios, como los grandes cercopitecos. Cabe destacar que la sabana estaba salpicada por bosques secos y lagos, generando en su conjunto un entorno mucho más heterogéneo y complejo que el que encontramos en los bosques húmedos.

Curiosamente, estos cambios coinciden con la aparición de los primeros *Homo* en África hace aproximadamente 2,8 m. a. ¿Podría significar que los cambios climáticos intervinieron en nuestra evolución?

Los cambios ambientales suponen uno de los grandes agentes de la selección natural. No es de extrañar que nuestros ancestros, junto a otras muchas especies, se vieran condicionados por ellos. Los cambios del clima suelen preceder a reconfiguraciones de la fauna y la flora de los espacios que se ven afectados, sucediéndose extinciones y sustituciones de unas especies por otras. Sin embargo, parece ser que no fue el paso

Estatua de la entrada con cráneos de *Paranthropus* (izquierda) y *Homo habilis* (derecha) en el Museo de la Garganta de Olduvai (Área de Conservación de Ngorongoro). Serengeti, Tanzania.

Reconstrucción de *Australopithecus afarensis* en el Museo de Historia Natural de Viena, Austria.

Cráneo de hembra de un *Australopithecus* reconstruido en el Museo Arqueológico de Madrid, España.

a un entorno más seco el que desencadenó la evolución de los humanos. Se han encontrado correlaciones entre cambios climáticos en el este de África con acontecimientos evolutivos importantes en nuestra historia. Así se concibió la hipótesis de que, más que por mudarnos a la sabana, surgimos por la gran cantidad de fluctuaciones climáticas de un entorno inestable.

HIJOS DEL CAMBIO

La sabana supuso una gran oportunidad para distintas especies de homininos como *Paranthropus* y *Australopithecus*. De hecho, los homininos surgieron en un momento histórico en el que las herbáceas estaban ganando importancia en el paisaje. Aun así, estas especies se acabaron extinguiendo, permaneciendo solo *Homo*. Por ello, es probable que nuestro origen no se deba enteramente al propio hecho de vivir en la sabana.

Los ambientes cambiantes son potentes motores evolutivos. Durante los últimos ocho millones de años la tendencia a la aridez se vio interrumpida por otros periodos donde la humedad repuntaba. Esta variación constante del entorno podría haber sido el detonante de la evolución humana. El éxito del linaje humano se basa en su adaptabilidad. Desde la transmisión cultural hasta los cerebros grandes, contamos con recursos que nos permiten adaptarnos con rapidez. Por esta razón, se hipotetiza que todas estas características hayan surgido en respuesta a estos entornos inestables.

Una pista de todo este proceso la encontramos en los lagos que salpican el este de África. Su estudio ha determinado que presentaban climas locales aún más inestables, caracterizados por ciclos de sequía, entonces los lagos desaparecían, o las lluvias provocaban que se colmaran de agua. Estas grandes fluctuaciones a escala local podrían haber amplificado aún más el cambio evolutivo, ejerciendo una presión selectiva aún mayor sobre nuestros antecesores. De hecho, los lagos ejercían su influencia como barreras geográficas, separando poblaciones enteras y diferenciando especies. Pero una vez que se secaban permitían la migración y mezcla de sus poblaciones, lo cual podría haber sido clave en la especiación humana.

El cambio global de África a un clima más seco, sumado a la inestabilidad climática de los lagos de su región oriental, quizá fueron el principal motor de nuestra evolución. No obstante, no debemos obviar otros factores como la competencia, la extinción, la migración y demás cambios que pudieron contribuir a dar forma al género *Homo*.

MAESTRO Y PUPILO

La evolución biológica es una constante transmisión de información genética de una generación a la siguiente. Al igual que el ADN pasa de padres a hijos, existe otro flujo de información paralelo que acontece en los seres vivos: la evolución cultural.

LA EVOLUCIÓN CULTURAL

La evolución cultural agrupa todo aquel conocimiento que se transfiere de unos individuos a otros. Gracias a la comunicación social, los animales son capaces de compartir conocimientos. Desde enseñar qué alimentos no son tóxicos hasta la manufactura de herramientas. De esta manera, se va formando una «biblioteca» de información compartida que se conserva de una generación a otra.

La tradición generada se alimenta de la aportación constante de información procedente del medio. El aprendizaje individual es el que aporta información de la situación actual del entorno. Esos nuevos conocimientos, al incorporarse a lo conocido, hacen que la tradición cultural sea un proceso dinámico. Además, la cultura permite evitar costes importantes, algo que no sería posible solo con el conocimiento individual. Nadie sabe de nacimiento que el bote de lejía del fregadero es letal para nosotros, pero aprendimos de nuestros padres que no debíamos

bebérnoslo. El aprendizaje individual no nos hubiera permitido sobrevivir sin daños en esta y otras muchas situaciones, pero sí lo ha hecho el aprendizaje social.

El conocimiento compartido supone una ventaja adaptativa, es decir, tiene valor evolutivo, pues da solidez a la capacidad de supervivencia y reproducción de los organismos que la presentan. Incluso puede ser una gran ventaja en entornos cambiantes donde se necesita de una actuación rápida. Pero, realmente, para que sea efectiva, requiere un ritmo de cambio intermedio. Las fluctuaciones no tienen que ser tan frecuentes como para impedir que los individuos de una especie tengan tiempo de establecer pautas culturales ni tan espaciadas como para permitir la adaptación a través de un cambio genético más económico y sencillo.

NO ESTAMOS SOLOS

Durante mucho tiempo se pensó que solo los humanos presentábamos este tipo de mecanismo social. Aunque es cierto que ningún ser vivo lo ha llevado a tal grado de desarrollo como nosotros, sí es cierto que no somos las únicas criaturas que lo poseen.

La utilización de herramientas se ha encontrado en otros homínidos como los chimpancés, y hasta en especies tan alejadas de nosotros como los cuervos e incluso los pulpos. El caso de los chimpancés es aún más llamativo porque tienen una tradición bien asentada de fabricación de instrumentos. No solo varían las herramientas creadas entre poblaciones, sino que hay hasta yacimientos arqueológicos de utensilios de chimpancés.

Gracias a la comunicación social, los individuos de la especie comparten vivencias y conocimiento.

Los chimpancés utilizan herramientas como palos para explorar o para conseguir comida. Ese conocimiento es social y pasa al grupo o familia de chimpancés.

Incluso compartimos con otros vertebrados aspectos tan complejos como el lenguaje. Es sabido que los pájaros cantores y las ballenas emiten una gran variedad de sonidos, pero es menos conocido el hecho de que tienen dialectos característicos dependiendo de la zona. Siguiendo con el ejemplo de las aves, las propias migraciones son un caso de comportamiento cultural, ya que los individuos más veteranos lideran la formación mostrando el camino a los más jóvenes.

Los cuervos son uno de los ejemplos más impresionantes a la hora de hablar de cultura animal fuera de los mamíferos. Presentan sociedades organizadas en familias y son capaces de aprender unos de otros. En un estudio se capturaron cuervos del campus de la universidad de Washington. Los capturadores llevaban máscaras de goma que posteriormente cedían a otras personas para llevarlas por el campus tras la suelta de los ejemplares. La sorpresa no fue que aquellos cuervos recordasen los rostros y dieran la voz de alarma, sino que los recordaban años después. Aún más insólito fue que dieran la alarma cuervos que nunca fueron capturados. Todo esto solo se explica si hay una transmisión de información entre individuos.

MAESTROS SIN FRONTERAS

Los humanos actuales contamos con la cultura más compleja de todo el reino animal. Ella ha supuesto una de las principales ventajas de la humanidad y la clave de su éxito. Pero, como acabamos de ver, no podemos negar que este recurso lo atesoran otras muchas criaturas. Es más, no es algo limitado a las propias especies. Hay ejemplos que demuestran un intercambio cultural entre especies distintas, en particular con la nuestra.

Los humanos han transmitido su evolución cultural durante generaciones. Hoy tenemos alta tecnología gracias a nuestros ancestros, que comenzaron con palos y piedras.

En Laguna (Brasil) los pescadores y los delfines mulares han aprendido a pescar juntos. Los delfines llevan el pescado a la costa donde los pescadores los atrapan con sus redes. Esto facilita a los delfines capturar los peces que se separan del grupo.

Los cuervos que buscan sustento en los maizales han aprendido distintas técnicas para evitar los tiroteos humanos, las cuales se han heredado entre ellos. Los humanos, por otro lado, idearon distintos métodos para espantarlos, como los espantapájaros, que han acabado convirtiéndose en un símbolo en la cultura popular.

Estas interacciones enriquecen la cultura de las especies involucradas generando un flujo de información constante entre ellas. Hubo un momento en la historia de la Tierra donde no solo existía una especie de hominino. ¿Pudo ser posible que se produjese ese enriquecimiento cultural entre ellas? ¿Fue acaso un factor clave para el éxito de nuestra especie? Puede que la respuesta se encuentre en alguno de nuestros parientes.

Representación de un hombre primitivo creando herramientas líticas en el Museo de Jaén (España).

NOS HACEMOS ARTESANOS

La cultura requiere de un alto nivel de desarrollo cognitivo. El conocimiento obtenido de anteriores generaciones nos ha permitido adaptarnos mejor al medio y sobrevivir. En algunas especies ese desarrollo ha alcanzado tal nivel que sus individuos son capaces de analizar problemas y construir instrumentos que les permiten solucionarlos.

Las herramientas y la propia tecnología nacieron como un modo de facilitar y acceder a nuevos recursos. Desde los cuervos que usan ganchos para extraer larvas hasta los monos que parten nueces con piedras, el desarrollo tecnológico es algo relativamente extendido entre los vertebrados. Sin embargo, ninguna otra especie ha llevado la creación de herramientas al nivel de los humanos. Sea como fuere, toda historia tiene un principio y las primeras herramientas creadas por nuestros ancestros eran toscas, aunque eficaces. Poco a poco se irían refinando, pero ¿cómo empezó la edad de piedra?

Ejemplificación del método Lomekwyaense: de una piedra grande o núcleo se obtienen lascas golpeando.

LAS PRIMERAS HERRAMIENTAS

Una de las habilidades más destacables de los homínidos es su capacidad para elaborar herramientas. Estos utensilios líticos no solo exigen elegir piedras apropiadas, sino saber dónde y cómo realizar los golpes para obtener la forma deseada. Se trata de una destreza manual que se ve refinada a medida que van transcurriendo millones de años. En los yacimientos africanos se han encontrado diversos tipos de herramientas de piedra con una datación variable. Estos descubrimientos nos han permitido reconstruir el progreso del avance tecnológico de la industria lítica en nuestro linaje gracias a las siguientes culturas:

- **Lomekwyaense**. En Lomekwi, Kenia, se encontraron las herramientas más antiguas, con una datación de 3,3 m. a. Son más antiguas que cualquier especie conocida de *Homo*. Se desconoce su autor, no se sabe si fue una especie humana no descubierta u otra fuera del género. En todo caso, supone un adelanto de 700 000 años sobre las que se pensaba que eran las primeras herramientas, atribuidas popularmente a *Homo habilis*. Se encontraron lascas –piedras cortantes que surgen de golpear una más grande, que se denomina núcleo– y yunques, donde se golpean estas piedras.

- **Olduvayense o modo I**. Se trata de una industria lítica de hace 2,6 m. a., localizada en Olduvai, Tanzania. Las herramientas se fabricaban utilizando otra piedra como un martillo, dando golpes en el canto de la roca con el fin de afilarla y obtener, de manera secundaria, lascas con las que cortar. Este instrumento permitía cortar la carne e incluso, con su parte roma, romper huesos de animales con el fin de obtener el nutritivo tuétano. Estas son las primeras herramientas atribuidas al género *Homo*.

- **Achelense o modo II**. Su origen se remonta 1,7 m. a. recibe su nombre de Saint Acheul, una población de la región francesa de Picardía. Este tipo de tecnología, aun encontrándose restos en el continente africano, se empezó a extender

HERRAMIENTAS

Réplica de un hacha de piedra con un mango de asta de ciervo. Ensamblamiento producido por la industria microlítica.

Herramienta achelense encontrada en el desierto del Sáhara.

Bifaces achelenses donde se observa el filo simétrico y afilado producto de una tecnología más avanzada.

Elaborado arpón de marfil de mamut de hace unos 20 000 años.

Diseño avanzado neolítico de una hoz realizada con cantos de sílice con mango pulido.

fuera de él. Se especula que su autor fuera *Homo ergaster* aunque se sospecha también de *Homo erectus*. Asociados a esta industria lítica aparecen los primeros bifaces, herramientas con filo simétrico por todo su perímetro. Aunque de aquí surgían lascas, se aprecia un mayor trabajo en el núcleo principal, generando una única herramienta. A diferencia de la anterior, la producción de estas hojas suponía una planificación previa meticulosa para elaborar una cuchilla afilada y bien trabajada.

FUERA DE ÁFRICA

La salida del continente madre supuso una diversificación del género *Homo*, al igual que de su cultura y tecnología. La industria lítica seguiría evolucionando, dando lugar a instrumentos aún más complejos. Entre ellos tenemos los **modos III, IV y V: musteriense, auriñaciense** y la industria microlítica, respectivamente. El musteriense se caracteriza por la incorporación del método Levallois. En este caso los núcleos se trabajaban de tal manera que se podía determinar la forma y el tamaño de la lasca. Este tipo de industria surgió con los neandertales hace 300 000 años y la continuaron los primeros humanos modernos. Posteriormente, durante la cultura auriñaciense se produjo la incorporación de raspadores o buriles extraídos de piedras de sílex ya preparadas. Estas pequeñas cuchillas permitieron trabajos más delicados en hueso y otros materiales, dando pie a las obras de arte más antiguas. Los primeros humanos modernos europeos quizá fueron quienes trajeron esta tecnología hace 43 000 años. Más adelante, la **industria microlítica** apareció hace 17 000 años y dio lugar a herramientas mucho más sofisticadas. Se comenzaron a trabajar las pequeñas cuchillas de piedra de forma que pudieran ensamblarse a mangos u otros componentes. Así se fabricaron lanzas y arpones.

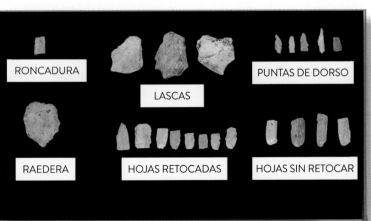

Todos estos desarrollos tecnológicos culminaron en el Neolítico, dando lugar a herramientas hechas con piedra pulimentada y al posterior de la metalurgia. Pero antes de que todo esto suceda, debemos estudiar los primeros pasos de nuestros antepasados en África y el origen de toda este *know-how* lítico.

Lascas, roncaduras, raederas, hojas retocadas y sin retocar, en el Museo de Cabra, España.

LOS PRIMEROS HOMO

El descubrimiento de *Homo habilis* en Tanzania en 1960 supuso el punto de partida del estudio de los primeros humanos. *Homo habilis* se estableció como el primer *Homo*, datándose aproximadamente en 2,4 m. a. Los restos del que se llamó el «Niño de Johnny» indicaban un tamaño craneal mayor y a esta especie se le atribuyeron las herramientas líticas de modo I encontradas en Olduvai. *Homo habilis* perduraría hasta su desaparición hace 1,4 m. a.

Otra especie representativa es *Homo rudolfensis*, coetáneo de *H. habilis*, que vivió entre 1,9 y 1,8 m. a. De hecho, en un primer momento se interpretó que ambas especies eran una sola. Tradicionalmente, se pensaba que ningún *Homo* podía ser coetáneo de otro. Se pensaba en un proceso lineal en el que una especie daba lugar a otra. Actualmente, según lo que sabemos sobre el proceso evolutivo y cómo la especiación provoca ramificaciones de los linajes, no produce extrañeza que estas especies convivieran. De hecho, hubo un periodo que compartieron tres especies distintas de *Homo*: *H. habilis, H. rudolfensis* y *H. erectus*. Este dato no deja de sorprender a los investigadores ya que el nicho ecológico de estas especies parece ser muy similar, lo cual en la mayoría de las ocasiones da lugar a competencia.

CARACTERÍSTICA MANDÍBULA

La especie más antigua de *Homo* que se había encontrado era *H. habilis*. Datada hace 2,4 m. a., se estableció como el punto de origen de todo nuestro género. Sin embargo, en Afar, Etiopía, se han hallado recientemente restos de *Homo* con una datación de 2,8 m. a. Se trata de una mandíbula con características parecidas a *Australopithecus afarensis*, aunque su morfología indicaba que pertenecía a nuestro género.

Esta mandíbula de especie indeterminada es muy anterior a *Homo habilis* u *H. rudolfensis*. Este descubrimiento ha cambiado por completo el marco temporal que manejábamos sobre el origen de nuestro linaje. No solo retrasa en 400 000 años el surgimiento del género humano, sino que refuerza la idea de que, en un momento determinado, en África convivieron diversas especies de homininos, tanto australopitecinos como *Homo*. Además, estos restos indican que los primeros humanos ya se empezaron a diferenciar de los australopitecinos a nivel mandibular, teniendo dientes más pequeños y bocas menos proyectadas. Futuros descubrimientos serán los que esclarezcan si esos cambios se acompañaban de variaciones del tamaño del encéfalo, dietas distintas y nuevas culturas tecnológicas.

EL GÉNERO HOMO

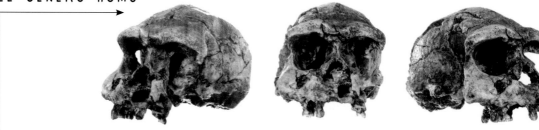

Distintas vistas del cráneo de *Homo erectus* descubierto en Java en 1969. Este *Homo* convivió con *Homo habilis* y *Homo rudolfensis*.

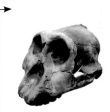

Cráneo de *Australopithecus*, con mandíbula parecida al género *Homo*.

Cráneo de *Homo rudolfensis*.

EL NIÑO DE NARIOKOTOME Y LA FORMA HUMANA

En 1984, cerca del río Nariokotome, en el lago Turkana (Kenia), se encontró un esqueleto casi completo de un ejemplar juvenil de *Homo*, un niño. Para sorpresa de todos, este joven de unos nueve años medía aproximadamente 1,60 m, aunque estudios posteriores determinaron que no crecería mucho más al alcanzar la madurez. A esta especie humana se la denominó en un inicio *Homo ergaster* y se estableció como la antecesora de *Homo erectus* en el tradicional esquema lineal. Sin embargo, actualmente se sopesa la posibilidad de que ambas sean en realidad la misma especie. Dada la amplia distribución geográfica de *H. erectus* y su diversidad de formas, que ha dado pie a que se le asignen distintas subespecies, es posible que *H. ergaster* fuese la variación africana de *H. erectus*.

H. erectus fue de las primeras especies humanas en abandonar África. Su gran diversidad corporal y amplia distribución recuerda, en cierto modo, a nuestra propia especie. De hecho, si comparamos su tamaño con especies anteriores de *Homo* como *H. habilis*, que medía aproximadamente entre 1-1,35 m, vemos un considerable aumento de estatura. Más si se tienen en cuenta otros homininos, ya que, de media, *Homo* presenta un tamaño corporal mayor al del resto de homininos. Este aumento de tamaño puede deberse a una reducción de la mortalidad de los ejemplares, permitiéndoles desarrollarse por completo antes de sufrir muertes prematuras. Aquí también entra en juego el mayor consumo de carne de estas especies,

que les garantizaba una alimentación más variada y versátil. Además, hay que añadir la fuerte interacción social y el uso de herramientas, desde el modo 1 hasta el modo 2.

En consecuencia, los cuerpos grandes tienen una mayor demanda energética. Si estos animales llegaron a ser tan grandes era porque, probablemente, eran capaces de mantener el necesario consumo de energía. Esta asegurada obtención de energía no solo permitía alcanzar estaturas mayores, sino la posibilidad de realizar esfuerzos más intensos en otras tareas, como en la reproducción. Ser capaces de destinar más energía a esta faceta de nuestras vidas (sea en los cuidados parentales o en la búsqueda de pareja) es sin duda una ventaja adaptativa, siendo los individuos que la practican los que tienen un mayor número de descendientes.

Gracias a los periodos de crecimiento más prolongados, se pueden suceder más cambios en el desarrollo, provocando la aparición de una gran diversidad de morfologías como parece ser el caso de *H. erectus*. De hecho, no se descarta que esta gran variabilidad dentro de algunas especies de *Homo*, entre las cuales nos incluimos, haya surgido por procesos de hibridación con otras especies. De una forma u otra, el resultado son especies con una gran variedad de formas dentro de ellas mismas, dotándolas de una diversidad que otras no poseen. Esta gran diversidad es lo que dificulta en muchas ocasiones el diferenciar unas especies de *Homo* de otras.

Cráneos de distintos *Homo* en el Museo de Ciencias de Ucrania.

CARROÑEROS DEL FUEGO

El fuego es un aspecto tan ligado a la humanidad que es inconcebible plantearse la vida sin él. Durante toda nuestra historia hemos mantenido una relación muy estrecha con el fuego, hasta el punto de que forma parte de todas las culturas humanas actuales. Hubo un tiempo que escapaba de nuestro control y solo podíamos ser testigos de su enorme poder.

La sabana africana es un ecosistema seco y tiene tendencia a sufrir grandes incendios. En la estación seca es un polvorín; la más mínima chispa lo hace arder. De hecho, dada la reiteración de estos fuegos, se han desarrollado plantas conocidas como pirófitas. Estas amantes del fuego necesitan de él para germinar y expandirse. O bien aprovechan el terreno calcinado para ocuparlo, o bien necesitan arder o calentarse para que sus semillas germinen. Los árboles despliegan la estrategia contraria. Poseen gruesas cortezas que les protegen del fuego y cubren sus ramas jóvenes para asegurar su futuro crecimiento y recuperación. Estas estrategias han nacido en respuesta a una constante presión ambiental, creando procesos de selección sobre las plantas de la región. Pero no solo las plantas han aprendido a convivir con el fuego.

Hay animales, como las aves rapaces, que siguen el rastro de los incendios. Estos les brindan la oportunidad de capturar pequeños mamíferos e invertebrados que intentan huir de las llamas. Por su parte, nuestros parientes vivos más cercanos, los chimpancés, reaccionan serenamente ante ellas. No huyen instintivamente como otros animales, sino que conocen su comportamiento y las evitan. Puede decirse que son capaces de controlar su miedo al fuego. Quizá los humanos comenzaron su relación con este elemento de una manera similar. Con toda seguridad, el fuego fascinó a los primeros humanos, que no tardaron mucho en conocerlo e ir manejándolo a su favor poco a poco. De esta fascinación surgió uno de los mayores avances tecnológicos de la cultura humana.

PRIMERAS EVIDENCIAS DE SU USO

La manipulación del fuego es algo inherente al ser humano. No hay análogos naturales de un uso tan complejo de este elemento. Los primeros humanos observaron el fuego de los incendios hasta que, en algún momento, se decidieron a controlarlo y darle uso.

En un principio, no sabían cómo encender una llama, por lo que dependían de los fuegos que encontraban en su entorno. Por eso, a estos pioneros se los conoce como «carroñeros del fuego», pues obtenían el fuego de incendios u otros fenómenos naturales e intentaban mantenerlo vivo el mayor tiempo posible. Mantener la llama viva hasta alcanzar un refugio era todo un desafío, pero que perdurara durante las estaciones húmedas lo era aún más.

En Israel se encontraron restos de combustión que databan de hace 790 000 años. Los investigadores plantearon la posibilidad de que fuera una fogata, pero hay un factor que podría invalidar esta idea: el guano. El guano, o heces de murciélago, es común en ciertas cuevas. El guano tiene la peculiaridad de poder sufrir combustión espontánea. Es un suceso raro, pero hay registro fósil de ello.

Las evidencias más antiguas que se tienen de una posible fogata datan de hace un millón de años. Se encontraron estratos de cenizas de plantas y de restos animales en Wonderwerk Cave (Sudáfrica). Dichos restos no parecen haber sido transportados por el agua o el viento. Además, su análisis muestra que tuvo lugar una combustión

El uso y dominio del fuego es inherente al ser humano. Los primeros carroñeros del fuego no lo creaban, sino que aprovechaban el que encontraban y lo alimentaban para calentarse.

Seguramente, los neandertales ya sabían encender el fuego. Su uso para ahuyentar alimañas o como aliado durante la caza, como fuente de calor y seguridad, ayudó al *Homo* a expandirse.

Generar fuego con el choque de piedras ayudó a controlarlo y no depender del azar.

lenta y de baja temperatura, no rápida y potente como sucede en el guano. Esta temperatura indica también que el fuego se alimentaba de hojas, hierbas y otros materiales vegetales. Todo parece indicar que se alimentó una fogata hace un millón de años a 30 m de la entrada de la cueva.

Probablemente, los primeros humanos en utilizar el fuego fuesen individuos de la especie *Homo erectus*. Aunque las evidencias más sólidas acerca de su uso se encuentran entre neandertales y sapiens quienes, seguramente, podían encender fuego a voluntad.

LA IMPORTANCIA DEL FUEGO

El descubrimiento del fuego supuso un enorme salto tecnológico. Gracias a él comenzamos a cocinar los alimentos. Esto facilitó nuestra digestión y permitió obtener más nutrientes con los que cubrir la demanda energética de nuestros cuerpos. Además, cocinar los alimentos evita la propagación de parásitos y otras enfermedades. Por otra parte, el fuego es una fuente de luz y calor que ayuda a mantener a raya a los depredadores y a luchar contra la hipotermia. Fue particularmente importante en la colonización de otros continentes con climas más fríos. Particularmente, sirvió de gran ayuda para las especies de *Homo* que empezaron a salir de África, como *Homo erectus*. Por otra parte, calentando la roca al fuego se pueden endurecer las herramientas de piedra, aumentando la durabilidad del material. El uso del fuego llevaría a los humanos a fabricar cerámica e iniciarse en la metalurgia. Pero para llegar a eso, aún tenemos que salir de África y conocer a *H. sapiens*.

LA SALIDA DE ÁFRICA

Los climas o condiciones hostiles provocan que algunos animales se adapten y resistan, otros encuentran espacios más favorables dentro de esas regiones, por ejemplo, creando madrigueras o asentándose en oasis. En último caso, cuando la vida en una región se hace difícil, siempre existe la opción de irse. La migración es algo común en el reino animal y por eso los humanos se desplazaron y colonizaron nuevos territorios en busca de recursos.

Durante décadas, se diferenciaron especies de *Homo* en función de las regiones donde vivían. Aunque es cierto que la especiación es un proceso que requiere de barreras que aíslen las poblaciones, este aislamiento no siempre desemboca en una especie distinta. Una única especie puede abarcar una distribución amplia y presentar una gran diversidad morfológica en sus individuos; esto se conoce como diversidad intraespecífica.

La gran amplitud morfológica de *H. erectus* hace dudar con frecuencia a los investigadores sobre la existencia de distintas especies de *Homo* o de una única especie muy cambiante. Una única especie podría suponer una explicación más sencilla.

La espectometría de masas que compara la proteína de un diente de *H. antecessor* con *sapiens* y neandertales habla de una relación genética.

Homo antecessor. Encontrado en el yacimiento de Atapuerca (Burgos, España), la especie de hominino más antigua de Europa, fue un antepasado común de neandertales, denisovanos y *sapiens*.

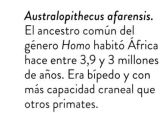

Australopithecus afarensis. El ancestro común del género *Homo* habitó África hace entre 3,9 y 3 millones de años. Era bípedo y con más capacidad craneal que otros primates.

Hace 2 millones de años...

Grupos del género *Homo* salieron de África. Su salida supuso el origen de otras nuevas especies del género y la llegada a entornos completamente nuevos. Además, conllevó la mezcla de unas poblaciones con otras. El flujo genético y las nuevas condiciones que se encontraron pudieron ser claves en la evolución humana.

En 1991, en Dmanisi (Georgia), una excavación en un yacimiento encontró el fragmento de la mandíbula de un hominino más antiguo hallado fuera de África. Después encontraron cinco cráneos y partes de tres esqueletos distintos dentro del mismo estrato, es decir, pertenecían a la misma población datada en 1,8 m. a.

Alrededor de los restos había un gran número de herramientas líticas parecidas a las de Olduvai, claramente del modo I y realizadas a partir de los cantos de un río cercano. Todo parecía indicar que estábamos ante una nueva especie de *Homo*, el primer paso de nuestro linaje fuera de África. Así nació *Homo georgicus*.

H. georgicus parecía una especie primitiva, con un parecido cercano a *H. habilis*. Los cráneos parecían mostrar una capacidad craneal de 600 cc. El último cráneo desenterrado era incluso menor, con una capacidad de 546 cc, aunque mostraba una condición muy robusta.

Homo neardenthalensis.
Habitó Europa y Asia hace entre 230 000 y 400 000 años. Fue una especie paralela al *sapiens*, con el que nos hibridamos y del que hoy sabemos que portamos hasta un 2 % de su material genético.

Homo sapiens.
La única especie conocida de *Homo* que aún perdura somos nosotros, el resultado de millones de años de evolución y mezcla con otras especies que no lograron sobrevivir.

Homo erectus en Java.
Se extendió por Asia oriental, donde se han encontrado multitud de restos fósiles como el primer espécimen, al que se le llamó «hombre de Java».

Homo habilis.
Vivió en África hace entre 2,3 y 1,6 millones de años. Fueron los primeros talladores de herramientas de piedra, aunque aún no controlaban el fuego.

H. ERECTUS FUE LA PRIMERA ESPECIE DE NUESTRO LINAJE EN ABANDONAR ÁFRICA Y EXTENDERSE POR EL MUNDO.

Los investigadores se quedaron perplejos porque los individuos encontrados eran muy distintos entre sí. Poco a poco, se desechó la idea de que los humanos de Dmanisi estuvieran emparentados con H. habilis. Sus características parecían propias de otra especie conocida: H. erectus.

H. erectus se había relacionado con Asia con restos como el hombre de Java o el hombre de

Pekín, pero la similitud entre especies se hizo muy patente: H. ergaster era la forma africana de H. erectus y no un taxón exclusivo de Asia, sino que tuvo su origen en África, como todos los demás.

Esta fue la primera especie de hominino que abandonó el

continente y se extendió por nuevos territorios. H. georgicus se considera una población más de H. erectus.

LA LLEGADA A ASIA

La búsqueda de la cuna de la humanidad llevó a los antropólogos del siglo XIX a Asia; allí encontraron al hombre de Java en 1891. Ya desde su descubrimiento, se le catalogó como un humano inferior, un simio que no podía competir con la «perfección» humana. Su capacidad craneal era tan pequeña que los estudiosos de la época no podían concebir que esa criatura estuviese relacionada estrechamente con nosotros. Si aquel individuo era humano, tendría que haber sido realmente idiota; eso se creía.

Pithecanthropus erectus fue el nombre que se le otorgó a esta nueva especie hallada en Asia. Estudios posteriores determinarían que aquel simio era, en realidad, un individuo del género *Homo*, nuestro género. Aquel pitecántropo resultó ser, en realidad, un espécimen de *Homo erectus*, la primera especie que salió del continente que nos vio nacer.

DESENCADENANTE DEL ABANDONO DE ÁFRICA

La locomoción bípeda ha resultado ser un modo de desplazamiento muy eficiente. Andar sobre dos patas supuso un menor coste energético para nuestros ancestros y eso les permitió cubrir largas distancias. Mantenerse siempre en movimiento era importante en la árida África del pasado, donde el clima cambiante obligaba a los homininos a adaptarse a estas condiciones inestables. De hecho, una de las consecuencias de esta inestabilidad fue el incremento del consumo de carne en la dieta de *Homo*, un recurso muy energético.

Este creciente consumo de carne puede ayudarnos a entender las rutas de desplazamiento de los primeros *Homo*. Vemos cómo, en África, nuestros ancestros se establecían principalmente cerca de grandes extensiones de agua y evitaban las zonas atestadas de carnívoros. Hasta viajaban en grupos con tal de protegerse de ellos. Este patrón indica que, aunque en un principio pudo ser así, los primeros *Homo* no eran exclusivamente carroñeros. No seguían a los carnívoros para consumir el alimento que abandonaban, sino que los evitaban. Probablemente, como oportunistas que eran, aprovechasen esa comida sobrante, pero poco a poco aprendieron a cazar por su cuenta. Estos cazadores activos seguían a las manadas de herbívoros viajando en grupos. Es posible que las condiciones desfavorables de África, la huida a territorios con menos depredadores y la persecución a los herbívoros, llevase a estos individuos lejos, muy lejos. Esta estrategia alcanzó su cénit con la primera especie de *Homo* que consiguió abandonar África, *Homo erectus*.

H. erectus es un taxón que tradicionalmente se había considerado exclusivo de Asia. Sin embargo, el descubrimiento del niño de *Nariokotome* y la revisión de distintas especies como *H. ergaster* han situado el origen de esta especie en África. Si a eso

Pithecanthropus erectus, antiguo nombre de *Homo erectus*. Parte superior del cráneo (vista lateral y superior).

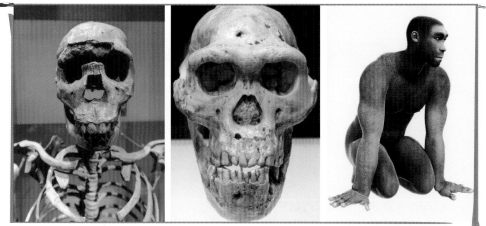

De izquierda a derecha, cráneo del niño de Nariokotome; cráneo de *Homo erectus* encontrado en Tbilissi, Georgia, e idealización 3D de *Homo erectus*.

añadimos los esqueletos de la cueva de Dmanisi en Georgia, nos encontramos con la que parece la especie de *Homo* más próspera del momento, no solo por su distribución espacial o diversidad, sino por su capacidad para perdurar en el tiempo. Los restos más recientes de *H. erectus* datan de hace 110 000 años. En otras palabras, sus individuos fueron contemporáneos de nuestra especie.

Dicho esto, *H. erectus* se expandió por el globo. Los miembros de esta especie buscaban **regiones elevadas** donde los carnívoros eran más raros, ya que continuaron evitándolos hasta que desarrollaron herramientas de modo II. El avance tecnológico les permitió defenderse mejor de los depredadores y asentarse en lugares nuevos. Estas herramientas cobraron tanta importancia en su vida que solían asentarse en regiones con suficiente materia prima como para fabricarlas.

LA RUTA HACIA ORIENTE

Con todos los yacimientos encontrados y su datación, se ha intentado seguir las migraciones de *H. erectus* desde África hasta Eurasia.

Los esqueletos de Georgia, datados en 1,8 m. a., parecen indicar que este fue el primer punto por el cual pasaron los primeros humanos fuera del continente africano. Posteriormente, distintas poblaciones avanzarían hacia el sureste asiático pasando cerca del Ganges, en la India, hasta llegar al sur de China. La expansión continuó por el sureste asiático hacia donde se encuentran los restos

más recientes, situados en Indonesia. ¿Pero cómo alcanzaron las islas?

Desde el *Pleistoceno* se ha ido sucediendo un ciclo climático en el cual se intercalan periodos más fríos (glaciares) y otros con temperaturas más moderadas (interglaciares). En los periodos glaciares los casquetes polares aumentan su superficie y absorben en gran medida el agua de los mares. En consecuencia, el nivel del mar baja y la Tierra pierde humedad haciéndose más árida. La expansión de las sabanas africanas coincide con estos fenómenos. Muy probablemente, la bajada del nivel del mar y la alta actividad volcánica del archipiélago indonesio dieron lugar a puentes de tierra que *H. erectus* pudo cruzar. Fue así como este hominino y otros animales llegaron a Indonesia.

No obstante, los nuevos descubrimientos no dejan de sorprendernos. Recientemente, en Shangchen, China, se han encontrado herramientas de piedra datadas en 2,1 m. a. Esta fecha supera la antigüedad de Dmanisi. Se desconoce el autor de estos instrumentos; de ser *H. erectus* habría que replantear toda la ruta anteriormente descrita o barajar la posibilidad de que se hubiesen abierto distintas rutas migratorias. E incluso, por qué no, los hallazgos de Shangchen podrían pertenecer a una nueva especie de hominino. Futuros estudios serán los que esclarezcan la llegada de nuestro linaje a Asia.

Cráneo de Homo floresiensis.

LOS VERDADEROS HOBBITS

En 2003, en la isla de Flores de Indonesia, un equipo de investigadores australianos e indonesios descubrieron en la cueva de Ling Bua el esqueleto de una hembra del género *Homo*. El género *Homo* era ampliamente conocido y sin embargo se consideró que este hallazgo estaba completamente fuera de lo común. La hembra LB-1 era muy pequeña, más pequeña incluso que los ejemplares encontrados de *Homo habilis* en África. Medía aproximadamente 1,06 m, pesaba unos 30 kg y su capacidad craneal rondaba los 426 cc.

Restos fragmentarios posteriores no hicieron más que asentar la idea de que se había descubierto una nueva especie de *Homo*, una especie que recordaba a enanos de la literatura popular o los hobbits de las novelas de Tolkien. Había nacido *Homo floresiensis*, el hombre de la isla de Flores.

¿POR QUÉ TAN PEQUEÑO?

Los hobbits de la isla de Flores fueron objeto de varias hipótesis con las que se intentó explicar su pequeño cerebro y tamaño. Una de las más extravagantes afirmaba que aquellos restos pertenecían en realidad a *Homo sapiens*. Es sabido que hay poblaciones humanas de menor estatura media, pero ninguna presenta una tan baja como la de estos individuos. Por eso, se planteó la posibilidad de que fuesen en realidad humanos modernos que presentaban diversas patologías o trastornos que afectaban a su crecimiento: cretinismo, microcefalia, deficiencias en la hormona del crecimiento y hasta síndrome de Down fueron algunas de las causas planteadas. También se intentó justificar por el efecto fundador. El efecto fundador es una consecuencia genética producida por la colonización de un territorio por un reducido grupo de ejemplares. Si todos ellos comparten algún rasgo genético común como, en este caso, trastornos congénitos, es muy difícil para la población deshacerse de ellos. Se trata de un fenómeno provocado por la baja diversidad genética. Pese a todo esto, las características de *H. floresiensis* indicaban, sin duda, que era una especie distinta. Muchas de esas características tenían poco que ver con los humanos modernos y más con los primeros *Homo* y chimpancés.

Muy probablemente, este primo nuestro surgiera por un proceso evolutivo común en la naturaleza, el enanismo insular. Cuando una población de una especie coloniza una isla, se ven envueltos en un ambiente completamente distinto. Las islas no solo se caracterizan por su aislamiento geográfico, sino por ser entornos con recursos más limitados. En consecuencia, la evolución toma distintas estrategias con el fin de adaptarse a esos nuevos entornos. Si los recursos escasean es muy probable que ejemplares más pequeños se vean beneficiados. Cuerpos más pequeños

Cueva de Liang Bua en la isla de Flores, en Indonesia, donde se descubrieron los restos de *Homo floresiensis*.

H. erectus. No obstante, no se ha encontrado ningún ejemplar parecido en la isla de Flores. Además, los análisis filogenéticos han determinado que esta especie humana de pequeño tamaño no está emparentada tan cercanamente a *H. erectus* como se pensó en un principio. En realidad, parece ser que comparte un mayor parentesco con *H. habilis*. De ser así, estamos ante la posibilidad de que hubiera sucedido una migración distinta a la de *H. erectus*, la de un *Homo* parecido a *H. habilis*. De momento, se trata de un linaje fantasma que aún no hemos conseguido encontrar. La identidad concreta de la especie precursora de los pequeños habitantes de la isla de Flores es un misterio.

Finalmente, hace 50 000 años, los hobbits desaparecieron del planeta. Su extinción coincide con la llegada de *H. sapiens* a esta región del sureste asiático. Justo de la misma manera que los neandertales desaparecieron de Europa al poco de la llegada de nuestra especie al continente. ¿Provocamos los humanos modernos la extinción de los habitantes de la isla? Todavía no lo sabemos. Los ecosistemas isleños son muy vulnerables. Cualquier cambio influye notablemente en su fauna y flora. La llegada de nuevas especies puede tener un impacto tremendo sobre las especies nativas. Este ejemplo es desgraciadamente común hoy en día. La introducción de especies invasoras que compiten o depredan las autóctonas puede llevar a su extinción. El dodo es tan solo un ejemplo de este proceso. Quizás *H. floresiensis* se extinguiera como tantas otras especies, derrotada en la competición por los recursos con la fauna local y debido a los cambios ambientales. O quizá nosotros mismos acabáramos con ella a causa de una competencia feroz. Futuros estudios serán los que esclarezcan el motivo de su desaparición.

Lago en el cráter del Monte Kelimutu en la isla de Flores, Indonesia.

requieren un menor consumo de energía. No solo eso, también cambia el tamaño del cerebro. Animales más pequeños requieren cerebros menores, pero a su vez, este es un órgano con una alta demanda energética. En todo caso, un cerebro más pequeño gasta menos energía, siendo una ventaja en un entorno con escasez de recursos. De esta forma, *H. floresiensis* podría haber sido la consecuencia de este proceso de mengua progresiva, como es el caso de otros animales como los elefantes enanos encontrados en las islas del Mediterráneo.

ORIGEN Y DESAPARICIÓN

H. floresiensis vivió aproximadamente entre 190 000 y 50 000 años a. e. c., tal y como indican sus restos corpóreos y herramientas. Los únicos *Homo* que se conocían cerca de esta isla eran los ejemplares de *Homo erectus* encontrados en Indonesia. Cabía la posibilidad de que estos hobbits fuesen una especie descendiente de

ATAPUERCA

La sierra burgalesa de Atapuerca alberga una serie de yacimientos que han marcado un antes y un después en el entendimiento de la evolución humana. Siendo de los yacimientos con restos humanos más antiguos de Europa, Atapuerca se convirtió en un punto de referencia a nivel mundial, aportando constantemente nuevos datos que arrojan luz sobre el origen de nuestra especie y de los primeros europeos.

¿CÓMO SE DESCUBRIÓ?

Las cuevas de Atapuerca se conocían desde antiguo. Ya desde 1795 se tiene registro escrito de que los vecinos de la localidad hacían pequeñas prospecciones y encontraban huesos de lo que consideraban grandes animales en La Sima de los Huesos. Más tarde, en 1863, Felipe de Ariño y Ramón Inclán encontraron restos humanos en esas cuevas. La importancia arqueológica del hallazgo se hizo saber a la reina Isabel II, lo que sería motivo de un estudio más detallado de las cuevas de esta sierra. Así, en 1910, Jesús Carballo sería el primer historiador en evidenciar la existencia de pinturas rupestres, numerosos yacimientos de importancia arqueológica e incluso fósiles de faunas antiguas en las cuevas. Todo cambiaría como consecuencia del ferrocarril.

A finales del siglo XIX, cuando España estaba impulsando su desarrollo industrial, algunas empresas inglesas vieron la oportunidad de extraer los recursos de la sierra y comenzó la explotación de hierro y carbón. La idea era construir un ferrocarril que conectase estos yacimientos minerales con las siderurgias que estaban floreciendo en el País Vasco. Así, *The Sierra Company Limited* estableció un ferrocarril minero desde Monterrubio de la Demanda hasta Villafría. Más tarde, los vagones colmados de materiales pasaban su carga a otros con dirección a Bilbao.

En un primer momento, nadie se planteó atravesar montañas. La obra del tren estaba pensada para bordear la sierra de Atapuerca, pero esta acabó siendo atravesada por una trinchera. Se desconocen las razones exactas por las que se decidió perforar la sierra en lugar de rodearla. En todo caso, la decisión puso al descubierto los estratos y las entradas de una serie de cuevas, dando lugar al descubrimiento de lo que hoy conocemos como los yacimientos de Atapuerca. Por avatares de la vida, y sobre todo de la economía, la línea del ferrocarril tuvo una vida corta. La compañía minera acabó en bancarrota, pero lo que sí perduró fue el importantísimo testimonio arqueológico que quedó al descubierto.

LOS YACIMIENTOS

Atapuerca es un complejo de yacimientos que contiene desde paredes de estratos hasta cuevas o antiguos asentamientos al aire libre. Dicho complejo se compone de varios emplazamientos como se ve en el recuadro de la página siguiente.

Vista general de la Trinchera del Ferrocarril en Atapuerca, Burgos, España.

División en cuadrados del terreno para su excavación.

Se han hallado muchos cráneos en la Sima de los Huesos, lugar que quizá cumplía un ritual funerario.

Investigadores trabajando en Atapuerca en 2005 en el lugar en el que se hallaron restos óseos de los primeros humanos conocidos de Europa occidental.

COMPLEJO DE YACIMIENTOS

TRINCHERA DEL FERROCARRIL

- **La Sima del Elefante.** Recibe su nombre a que en ella se encontraron restos de lo que en un primer momento se identificaron como elefantes. Más adelante, una revisión de los huesos determinó que, en realidad, pertenecían a rinocerontes. Solo existe restos de un elefante en esta sima. También posee un registro de actividad antrópica, contando con restos humanos de hace 1,3 m. a.
- **Complejo Galería.** Se trata de una trampa natural donde los animales caían y morían. Los humanos anteriores a los neandertales la aprovechaban con el fin de obtener comida.
- **La Gran Dolina.** Esta formación geológica es común en los paisajes kársticos, aquellos formados esencialmente por caliza. La caliza se disuelve, formando accidentes, sean cuevas o depresiones en el terreno como las dolinas. La dolina de Atapuerca es conocida por albergar los fósiles del famoso *Homo antecessor*, al igual que otros restos humanos y animales, como osos y otros pequeños mamíferos. A ella está unida la Cueva Fantasma donde se han encontrado partes del cráneo de un neandertal.

CUEVA MAYOR-CUEVA DEL SILO

- **Sima de los Huesos.** Aquí se da una acumulación inusual de huesos humanos. Todo parece indicar que el lugar formaba parte de un rito funerario.
- **Galería de las Estatuas.** Es un conjunto de yacimientos que indican que hubo un tiempo en el que la sierra fue ocupada por *Homo neandertalensis*.
- **Galería del Sílex.** Datada en la Edad de Bronce, hace 4 000 años, cuenta con cientos de grabados y pinturas rupestres.
- **El Portalón.** Muestra restos de humanos modernos del Neolítico que contiene indicios de que practicaban la agricultura y la ganadería.

OTROS COMPLEJOS

- **Cueva del Mirador:** Al igual que El Portalón muestra restos de seres humanos modernos sedentarios. También se han encontrado tumbas.
- **Asentamientos al aire libre:** Alrededor de las cuevas encontramos antiguos asentamientos que comprenden edades entre 70 000 y 40 000 años. Pertenecieron a grupos de cazadores-recolectores neandertales del Paleolítico; aportan pistas sobre cuándo desaparecieron estos grupos humanos.

EL MISTERIO DE LA MANDÍBULA

Trinidad de Torres es un aspirante a doctor que está llevando a cabo su tesis sobre osos del Pleistoceno en la península ibérica en 1976. El joven ingeniero de minas había oído hablar de los osos que se habían encontrado en Atapuerca y decidió probar suerte en la Trinchera del Ferrocarril. Tras pedir la autorización pertinente, comenzó a sondear la zona en busca de sus anhelados osos.

Torres y su equipo empezaron a explorar la Cueva Mayor donde se encontraba la conocida Sima de los Huesos. Ya desde entonces se conocían testimonios de que la sima contenía huesos de diversos animales, entre ellos los osos que Torres estaba buscando. Hubo suerte. Entre los sedimentos que sacaron de la cueva encontraron fósiles de osos como *Ursus deningeri*, un pariente del famoso oso de las cavernas. Pero con los huesos de oso se recuperó algo más. Algo que cambiaría el significado de Atapuerca para siempre: una mandíbula.

Cueva del Arago en Francia.

Aquella mandíbula (AT-1) no pertenecía a ningún úrsido. Era claramente una mandíbula humana. Parecía antigua, pero no era posible saber cuánto. Torres pensó que pertenecería a alguno de los habitantes recientes de aquellas cuevas, que habían dejado todos aquellos restos arqueológicos o se habían asentado por la zona. ¿Un romano, un neandertal?

Torres no dudó en llevar aquel hallazgo ante su director de tesis, un experto en elefantes prehistóricos y evolución humana llamado Emiliano Aguirre. Aguirre analizó el material y determinó que se trataba de un *Homo* antiguo. No era *Homo sapiens* pues carecía del mentón característico de nuestra especie. Así fue cómo se encontró el primer resto humano en Atapuerca. En 1978 comenzaron las primeras excavaciones de estos yacimientos que nos han dado un conjunto de fósiles clave para entender nuestra evolución y cómo vivían los primeros europeos.

¿A QUIÉN PERTENECIÓ?

Emiliano Aguirre y Trinidad Torres concluyeron que los restos de la Sima de los Huesos eran la evidencia más antigua de humanos en la península ibérica. Más tarde, Aguirre, junto a la paleoantropóloga francesa Marie Antoinette de Lumley, vieron semejanzas entre AT-1 y otros restos encontrados en Francia. Se relacionó en un principio con mandíbulas de la cueva del Arago o Montmaurin, todas ellas pertenecientes a los que en la época se denominaban «anteneandertales». Aquellos individuos catalogados como «antecesores de los neandertales» pertenecían a la especie *Homo heidelbergensis*, de la cual se ha confirmado su presencia en la Sima de los Huesos.

También existía la posibilidad de que fuese un *Homo erectus* que, en aquel tiempo, se pensaba que podría haber migrado desde el norte de África hasta Europa. Esto se debía a que encontraron cierto parecido entre AT-1 y restos encontrados en Marruecos, pero poco tenían que ver con el hombre de Pekín.

El primer resto humano hallado en Atapuerca fue una mandíbula que todavía no tiene asignada una especie por falta de información del individuo al que perteneció. A la derecha, mandíbula de un *Homo antecessor* de Atapuerca.

Aunque todo parecía indicar que la mandíbula AT-1 pertenecía a *H. heidelbergensis*, actualmente se baraja la posibilidad de que sea incluso una nueva especie de *Homo*. Desgraciadamente, no tenemos datos suficientes para decantarnos por ninguna de estas posibilidades. La mandíbula AT-1 pertenece al género *Homo*, pero se desconoce su especie. La completa identidad de su propietario permanece oculta y probablemente, nunca la conozcamos.

UN MISTERIO SIN RESOLVER

No siempre se tiene que saber exactamente a que especie pertenece un fósil. En ocasiones, no se puede siquiera identificar a qué taxón pertenece. Estos misterios no son raros en la paleontología y, a veces, son técnicas más novedosas las que terminan sacando a relucir todos los secretos guardados en ellos. Aun así, la propia fragilidad del fósil juega en nuestra contra. Si se rompe o se encuentran solo restos aislados, es muy difícil determinar su pertenencia. Básicamente porque nos faltan los rasgos característicos para identificar a qué taxón pertenece. En estos casos, se suele recurrir a taxones más generales. En vez de dar una especie, se asigna un género. Si no se puede, se sigue ascendiendo por la jerarquía hasta que se encuentra algo identificativo que podamos establecer con seguridad. Aunque solo sea decir con certeza que es un vertebrado. En el estudio del ser humano no se llegan a esos extremos. Pero entre la diversidad de los homininos, los investigadores

Arriba, cráneo del *Homo heidelbergensis* encontrado en la Sima de los Huesos de Atapuerca y al que se apodó «Miguelón».

se encuentran con verdaderos quebraderos de cabeza a la hora de asignar una especie. Por esta razón, AT-1 permanece como *Homo* sp. Sabemos con certeza el género, pero no podemos afirmar rotundamente a qué especie perteneció.

Manguera colgante de un tamiz de lavado para separar la tierra de los restos.

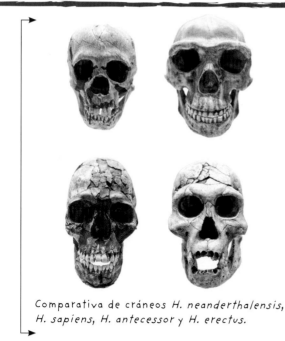

Comparativa de cráneos *H. neanderthalensis,
H. sapiens, H. antecessor* y *H. erectus.*

H. ANTECESSOR

En 1997, en la Gran Dolina de Atapuerca, se
anunció el descubrimiento de una nueva especie
humana. Aquel año nació *Homo antecessor*, el
Homo más antiguo encontrado en Europa. Su
linaje probablemente se separó del *H. erectus* a
principios del Pleistoceno, dejando Asia atrás y
llegando a Europa a través de Oriente Próximo.

Desde su aparición, **H. antecessor** ha sido un
enigma para los paleoantropólogos. Tiene dientes
grandes como cabe esperar en los primeros
Homo, pero su rostro no tiene una mandíbula
proyectada como ellos. De hecho, su semblante
es muy parecido al de un humano moderno.
¿Estará emparentado con *H. sapiens*? ¿Quizás con
H. neanderthalensis? ¿Es en realidad un *H. erectus*?

PARIENTE CERCANO

El ADN es una molécula que se desintegra
rápidamente en el registro fósil. Solo pueden
obtenerse muestras genéticas viables de
huesos muy recientes, teniendo su tope de
conservación en 500 000 años. Más allá,
existen multitud de especies de homininos que
no somos capaces de estudiar genéticamente,
como *H. antecessor*. Un estudio genético sería

de gran utilidad para establecer con certeza
las relaciones de parentesco de las diversas
especies de *Homo del Pleistoceno*. Teniendo
el hominino de Atapuerca unos 850 000
años, la extracción de ADN no es viable. Sin
embargo, una nueva técnica lo cambió todo.

Aunque el ADN es la molécula fundamental de
la información de nuestros cuerpos, existen otras
moléculas que pueden servirnos en nuestro cometido,
las proteínas. Si el ADN es el manual de instrucciones,
las proteínas son los operarios que lo leen y ejecutan
las tareas. Por un proceso conocido como traducción,
el ADN se lee con el fin de crear proteínas. Estas
proteínas contienen una secuencia única de unas
unidades conocidas como aminoácidos y que,
dependiendo de la especie y el tipo de proteína, varían
en su secuencia. De esta forma, especies distintas
tienen proteínas distintas con fines diferentes.
Además, las proteínas tienen una vida media más larga
que el ADN antes de desintegrarse por completo.

Con estos datos, los investigadores sacaron
proteínas de los dientes de *H. antecessor, H. erectus,*

El yacimiento de Atapuerca presenta distintos
estratos en un corte del terreno.

Réplica del cráneo de un hombre Dmanisi expuesto en el Museo Arqueológico Nacional de Madrid, España.

Detalles del trabajo paleontológico y arqueológico de los investigadores de Atapuerca.

Idealización de un hombre de Neandertal.

de Dmanisi, *H. neanderthalensis* y *H. sapiens*. Si su ADN era similar, cabía esperar que sus proteínas también lo fuesen. La conclusión a la que se llegó fue que sapiens y neandertales estamos más cercanamente emparentados con nuestro paisano de Atapuerca que con los individuos de Dmanisi (yacimiento arqueológico de Georgia donde se han encontrado restos humanos muy antiguos). Esto lleva a *H. antecessor* a establecerse como el grupo hermano de lo que serían los humanos modernos.

EL CANÍBAL

En el estrato donde se encontraban los restos de ejemplares de *H. antecessor*, los investigadores se percataron de algo un tanto macabro. Muchos huesos se encontraban rotos y partidos, huesos incluso de individuos en edad infantil; era como si los hubieran golpeado. Entonces, en algunos de aquellos huesos se descubrieron unas incisiones extrañamente familiares. Los huesos humanos presentaban marcas de haber sido cortados con utensilios líticos. Se trataba de señales de despiece similares a los que se habían encontrado en otros animales que habían consumido. Hasta se encontraron marcas de dientes humanos en las costillas de *H. antecessor*. En aquel momento no existía ninguna otra especie de *Homo* en la zona. No había duda: *H. antecessor* practicaba el canibalismo.

El canibalismo no es raro en las culturas humanas. Muchas de ellas lo han adoptado como un

elemento simbólico propio en forma de ritos religiosos u otras creencias. Algunas de estas creencias han sido un recurso más para poder sobrevivir en tiempos difíciles. De una forma u otra, se trata de un fenómeno complejo que abarca distintas motivaciones, sean políticas, religiosas y sociales hasta puramente nutritivas ¿En cuál de ellas se engloba nuestro caníbal ibérico?

Como queda dicho, los huesos humanos muestran exactamente los mismos procesos que se empleaban en el despiece de otros animales. Parece ser que el principal motivo era sacar la carne de la pieza y luego tirar sus restos junto con los de otros animales ya devorados. De hecho, por la cantidad de restos encontrados a lo largo de los estratos, parece ser que no fue un evento excepcional, sino una práctica dilatada en el tiempo. No solo eso, los cadáveres humanos aparecían en una mayor proporción con respecto al resto de animales, que aparecen con una abundancia parecida a la que se encuentran en el medio.

Aunque no se conoce el motivo exacto, se ha descartado que fuese por una escasez de recursos. El caso más antiguo de canibalismo documentado no fue motivado por la desesperación. Sin duda, *H. antecessor* se nutría de cadáveres humanos. Se barajan varias posibilidades, como, por ejemplo, que se comieran individuos jóvenes de clanes rivales con el fin de manifestar su dominancia. Este hecho es común entre los chimpancés. Otra opción es que aprovechasen la carne de los individuos muertos por causas naturales, o puede que se matasen entre ellos. Este rasgo pudo mantenerse durante generaciones en su cultura, lo que explicaría su duración. Sea como fuere, fue ventajoso para ellos ya que pudieron subsistir durante cientos de miles de años.

¿QUIÉNES ERAN?

Desde su descubrimiento, la identidad de los huesos de la sima se atribuyó a una especie que ya era conocida en Europa entre los 600 000 y 250 000 años, *H. heidelbergensis*. *H. heidelbergensis* se lleva considerando desde antiguo la especie que «apadrinó» el surgimiento de los neandertales. Incluso se le atribuyó ser el antecesor común entre *H. neanderthalensis* y *H. sapiens*. Pero la genética nos tenía una sorpresa reservada.

En 2013, se realizó un estudio del ADN de los individuos de la Sima de los Huesos. Tras dos años de investigación, encontraron alelos que eran únicos de neandertales, lo que supondría que esta

SIMA DE LOS HUESOS

Una gran tumba o fosa común, datada entre 448 000 y 430 000 años, la **Sima de los Huesos** es uno de los yacimientos más importantes del complejo de Atapuerca. Este rango temporal coincide justo con unas condiciones climáticas muy severas: un periodo glacial de los más fríos del último millón de años. Se especula que este clima pudo haber afectado a los individuos de la Sima, adquiriendo una serie de rasgos más propios de los neandertales que Europa vería nacer poco tiempo después.

A mediados de la década de 1990, la Sima de los Huesos comenzó a cobrar una enorme importancia para la paleoantropología mundial. En aquella cavidad profunda había una enorme cantidad de huesos de animales como osos u otros carnívoros. Entre ellos, también había esqueletos humanos. Individuos de ambos sexos y distintas edades, un total de 28 ejemplares.

Nunca se había descubierto tal cantidad de individuos humanos del Pleistoceno. Hoy en día, sigue siendo uno de los yacimientos más importantes de este periodo. Es, sin duda, la mayor acumulación de homininos jamás encontrada. Contar con tal abundancia de huesos es extremadamente extraño

y un regalo para los investigadores. Más aún habiendo individuos de diferentes edades y sexos. Sin embargo, esta acumulación tan peculiar de cadáveres es muy poco común.

Los paleoantropólogos comenzaron a hipotetizar acerca de lo sucedido en la sima. Pudiera ser que simplemente todos se cayeran por accidente, pero parecían demasiados restos para un único lugar. Ninguno presentaba marcas de corte como los de *Homo antecessor*, por lo que no hay señal alguna de canibalismo. Además, el descubrimiento de un bifaz entre los restos —al que se dio el nombre de Excalibur— añadía más incógnitas. ¿Está ahí por casualidad o fue lanzado de forma premeditada? No tardó en surgir la idea de que aquello era en realidad una fosa común. Algunos iban más allá afirmando que, en realidad, la sima formaba parte de los ritos funerarios practicados por aquellos individuos. De hecho, el cráneo 17 tiene lo que podrían ser indicios de un homicidio. Presenta dos perforaciones sobre los ojos, cada una con trayectorias diferentes, lo que descartaría la idea de que se golpeara por accidente. Es posible que alguien hubiera atacado a este individuo con un arma, lo que acabó con su vida, sumándose al resto de sus compañeros en la

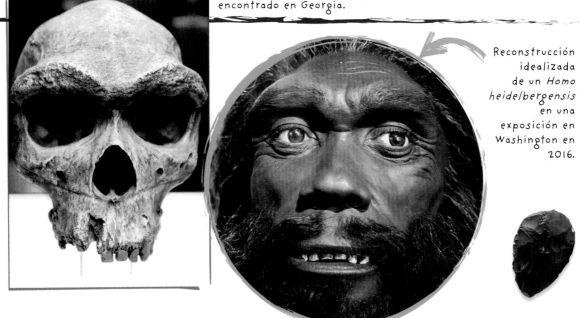

Cráneo de *Homo heidelbergensis* encontrado en Georgia.

Reconstrucción idealizada de un *Homo heidelbergensis* en una exposición en Washington en 2016.

sima. Este acontecimiento refuerza la idea de que la acumulación de cadáveres fue intencionada, que los humanos recogían a los muertos y los tiraban al fondo.

No obstante, los humanos no son los únicos animales encontrados en la sima. La mayor parte son fósiles de carnívoros como osos, felinos, lobos y algunos carroñeros como podrían ser los zorros. La gran abundancia de devoradores de carne suele implicar que la zona es una trampa natural. Los carnívoros se ven atraídos hacia el agujero por los animales que caen sufriendo ellos el mismo destino, precipitándose y muriendo dentro de la fosa. Pudiera ser que este fuese también el sino de los humanos. Es más, la sima tiene entradas bloqueadas que antiguamente pudieron estar abiertas. Probablemente, no todos los humanos cayesen justo en la sima; quizá murieron alrededor de ella y el agua acabó arrastrando sus cadáveres al agujero.

Aunque no se descarta que la sima fuese utilizada como una fosa común, la hipótesis más sencilla suele ser la más probable. Estudios futuros refutarán del todo la idea del complejo funerario o aportarán nuevos datos que refloten la idea. De momento, esta enorme acumulación de cadáveres constituye uno de los yacimientos antropológicos más importantes del mundo.

especie dio sus primeros pasos antes de lo que se pensaba. No solo eso, sino que el estudio anatómico de 17 cráneos de la sima confirmó que presentaban rasgos propios de neandertales tempranos. En consecuencia, todo parece indicar que la línea de los neandertales y la de los sapiens divergieron antes de lo que pensábamos. Ahora, nuestro cerebro no procede de un antepasado común de similares características, sino que estos dos linajes evolucionaron de forma distintas. Curiosamente, el cerebro humano y el neandertal son diferentes anatómicamente, presentando variaciones en el tamaño de distintas estructuras como los bulbos olfativos o el cerebelo. Dos caminos distintos, dos cerebros distintos, pero probablemente la misma inteligencia y complejidad.

Reconstrucción de un *Homo neanderthalensis*.

GRAN DOLINA DE ATAPUERCA

La **Gran Dolina de Atapuerca**, conocida como la Ratonera, no solo contiene al caníbal *H. antecessor*. También presenta restos de algo muy peculiar, un lecho entero de huesos de bisontes. Estos huesos no parecen coincidir con *H. antecessor* sino con otros homininos posteriores de hace 400 000 años, capaces de cazar grandes presas. Así se ha constituido un lecho de un total de casi 25 000 huesos, 23 000 de ellos de bisontes.

EVIDENCIAS DE CAZADORES

La Gran Dolina no solo contiene al primer europeo y los registros más tempranos de canibalismo, sino que alberga el testimonio de la gran cacería más antigua que se conoce.

En esta depresión, hay un estrato con una enorme cantidad de huesos de distintas especies. Pero de todas ellas la más abundante es el bisonte, con un total de 60 ejemplares encontrados. Los huesos de bisonte son los únicos que presentan signos de acción humana. Los restos de estos bóvidos están repletos de marcas de corte, de golpes y hasta de dientes humanos. Todo esto es evidencia directa de que los humanos comían y sacaban provecho de esos bisontes. ¿Pero es posible que la Gran Dolina fuese simplemente una trampa natural y que los humanos se alimentasen de los cadáveres? Muy probablemente, la concentración de bisontes no fue en modo alguno algo accidental.

los huesos de bisonte presentan marcas humanas. Sin embargo, el resto de los huesos exhibe marcas de animales carroñeros u otros carnívoros, sin importar la especie. Además, como se ha dicho, el bisonte es la especie predominante, superando con creces los restos de cualquier otra. Sumado a esto, encontramos junto a los huesos un gran número de artefactos líticos. Los análisis del crecimiento dental de los bisontes fechan sus muertes en dos periodos: finales de primavera/principios de verano y el otoño. Mas no hay restos de ninguno de ellos en invierno. Esta estacionalidad, la gran concentración de una única especie, las herramientas de piedra y las marcas en los huesos confirma que fue *Homo* quien cazó a estos animales. Este, junto a otros yacimientos, confirman que los humanos ya eran cazadores consumados en el Pleistoceno. El hecho de que casi toda la totalidad del lecho pertenezca a una única especie de bisonte descarta por completo que haya sido una trampa natural, sino que los humanos conducían a los animales hasta allí con el fin de darles muerte. Era una trampa.

Una vez arrinconados y muertos, los humanos despiezaban allí mismo a los animales. Sacaban carne de las regiones con mayor volumen, pero también aprovechaban otras partes. Curiosamente, se han encontrado numerosas marcas de cortes en torno al hioides, el hueso que soporta la lengua. La lengua de estos animales se consumía en el momento a modo de aperitivo. Y dado que no hay evidencias de uso del fuego en Atapuerca, hemos de suponer que se la comían cruda. Estos homininos intentaban aprovechar todo lo

De todas las especies que se encuentran en el lecho, solo

Aspecto exterior del yacimiento paleontológico de Atapuerca, Burgos, España.

Junto a los animales se encuentran lascas de sílex, quizá de los instrumentos que empleaban para el despiece.

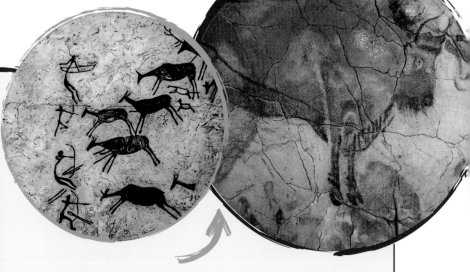

Vista del lugar de trabajo de la trinchera del ferocarril en Atapuerca.

La caza en grupo, con todas sus estrategias y tecnología, fue una práctica de supervivencia colectiva. En las imágenes, escena de caza de las cuevas de Satkunda, en India, y bisonte de las cuevas de Altamira, Cantabria, España.

que podían estos animales. Hay signos de que despellejaban a los bisontes tal y como evidencian las marcas encontradas en algunos cráneos. La obtención de piel indica la explotación de recursos, aparte de los nutricionales, de las presas. Quizá estemos ante los primeros ejemplos de obtención de ropas, o de otros usos, a partir de pieles.

Una vez obtenidos todos los recursos que podían, cargaban con ellos y los transportaban a otra parte. Todo el proceso tenía que ser extenuante y provocar un gran consumo de energía, pero la obtención de carne, grasa y vísceras con alto contenido calórico en tal cantidad lo compensaba. Sin duda, la caza ayudó a nuestros ancestros a sobrevivir lo suficiente como para continuar alimentando el incesante motor evolutivo.

¿QUÉ SUPONE LA CAZA EN GRUPO?

Atapuerca es la evidencia más antigua de caza en grupo, uno de los rasgos más propios de los humanos modernos y que implica un complejo sistema social y de procesamiento cognitivo. La Gran Dolina es prueba de una estrategia especialmente diseñada para cazar bisontes, tal y como evidencia la preferencia en el aprovechamiento de estos animales.

La planificación se hace patente con los nódulos y lascas de chert, un tipo de roca silícea similar al sílex. Estas herramientas no se fabricaron en el momento, sino que se llevaron a la zona de despiece.

Los instrumentos encontrados no son propios del yacimiento; fueron producidos previamente en otro lugar. Esto es signo de una preparación y planificación a largo plazo.

Además, una cantidad tan grande de carne sería suficiente para alimentar a un grupo entero, que necesitaría la cooperación y comunicación a la hora de transportar los recursos o despiezar la carne. Esta caza estacional requiere organización, planificación y un conocimiento profundo de la presa. Saber cómo se mueve y cómo dirigirla hacia la trampa. Todos estos conocimientos conllevan una fuerte evolución cultural en las técnicas de caza, que quizá se enseñaran entre los individuos del grupo. Sin duda, cazar es una de las actividades más rentables en cuanto a consumo energético. Aunque supone invertir un gran esfuerzo en la obtención de la carne y la interacción social, la recompensa supera con creces los costes. Por eso es tan común la caza entre las distintas culturas humanas.

El descubrimiento de la trampa de la Gran Dolina nos lleva a pensar que todas las estrategias relacionadas con la caza de grandes piezas se formaron en una época muy temprana. Es decir, los humanos estaban desarrollando técnicas y comportamientos complejos cognitivos, sociales y culturales, que en un principio se creían únicos del ser humano moderno, mucho antes de lo que se pensaba.

EL PUEBLO DEL VALLE DEL NEANDER

En 1856, en el valle de Neander (Alemania), se descubrió en la cueva de Feldhof la tapa del cráneo de un individuo humano. Llamado neandertal 1, se describió finalmente como una nueva especie, *Homo neanderthalensis*. Más tarde, otros restos encontrados con anterioridad, en 1829, en Engis (Bélgica) y en 1848 en la Cantera de Forbes de Gibraltar, se atribuyeron a la misma especie.

Este nuevo *Homo* parecía tener una amplia distribución europea y sus huesos eran muy similares a los de nuestra propia especie. Acabábamos de encontrar a nuestra especie hermana, la especie más cercana a nosotros que ha existido, nuestros primos, los neandertales.

¿QUÉ LOS HACE ÚNICOS?

Desde el principio, llamó la atención la constitución de los neandertales frente a nuestra propia especie. Con cajas torácicas más grandes, tenían un aspecto mucho más fornido y corpulento. Su rostro sin mentón, con una nariz grande, ancha y un sutil saliente sobre las cejas lo caracterizaban frente a *H. sapiens*. Pesaban en torno a los 64-82 kg y medían entre 1,50 y 1,75 m, dependiendo del sexo. Estos rasgos específicos se han interpretado desde antiguo como adaptaciones al frío. En consecuencia, su cuerpo robusto requería de una mayor cantidad de energía. Esto equivale a una mayor necesidad de oxígeno, lo que explicaría que sus cajas torácicas fuesen más amplias que las de nuestra especie. Sin embargo, los neandertales constituían una especie adaptable, pudiendo asentarse en distintos territorios y sobrevivir tanto en épocas glaciares como interglaciares. El clima no les suponía un problema, pues contaban con una avanzada industria lítica de modo 3. Cazaban grandes animales y tenían comportamientos sociales complejos. Desde cuidar a enfermos hasta practicar rituales funerarios y poseer un pensamiento simbólico. Además, eran capaces de coser pieles y elaborar ropas. También fueron de los primeros animales del planeta en poder controlar el fuego junto a *H. sapiens*.

Vivieron entre 40 000 y 40 000 a. e. c., se extendieron por gran parte de Europa y llegaron a alcanzar el suroeste y centro de Asia. Curiosamente, esta especie humana coincidió tanto en el espacio como en el tiempo con la nuestra. La convivencia entre ambas especies ha sido uno de los temas más recurrentes en la paleoantropología, suscitando numerosas preguntas. ¿Se encontraron? ¿Interactuaron socialmente? ¿Se pelearon? ¿Llegaron a reproducirse entre ellos? ¿Extinguieron los humanos a los neandertales? Todas estas preguntas han sido motivo de estudio entre los científicos. El eco de estos debates saltó a la literatura donde los escritores especularon creando historias de interacción entre ambas especies, como ocurre en la novela *El clan del oso cavernario*. En cierto modo, las diversas especies de *Homo* nos

EVOLUCIÓN HUMANA

Cráneo neandertal y sapiens. Lo que nos hace pensar que ambas especies tuvieran una inteligencia parecida son la similitud entre sus herramientas y el desarrollo de comportamientos complejos.

Cráneo de neandertal donde se observa el hueco muy ancho de la nariz y saliente las cejas.

Reconstrucción de la vida neandertal: control del fuego, vestido de pieles y herramientas elaboradas.

Reconstrucción idealizada de un *Neanderthalensis* del Museo Nacional de Historia de Londres.

Derecha, cueva de Sipka, en la República Checa, donde se han encontrado huesos y restos neandertales.

Truncheon de la edad de piedra.

recuerdan a los relatos de fantasía donde diversas especies conviven unas con otras, desde hobbits como *H. floresiensis* a fornidos neandertales, pasando por caníbales *antecessor*. Pero estas especies existieron realmente y la ciencia está resolviendo poco a poco sus misterios.

SU IMPORTANCIA DENTRO DEL ESTUDIO HUMANO

Los neandertales no solo son la especie de hominino más reciente que ha habitado la Tierra a excepción nuestra. Son también la más cercana a nosotros y la más parecida, más de lo que ninguna otra lo ha sido. Cazaban, tenían una cultura compleja, fabricaban sofisticadas herramientas, enterraban a sus muertos, llevaban ropa, se ataviaban con adornos y pinturas, hablaban y hasta llegaron a reproducirse con nosotros.

Desgraciadamente, la visión que se tiene en la cultura popular de estas gentes es tremendamente errónea. La imagen del hombre desgarbado, cavernícola, violento, descerebrado y carente de sensibilidad se ha mantenido en el imaginario colectivo desde que en el siglo XIX se describió así a los neandertales. Todo por la necesidad de explicar la superioridad de los sapiens frente a ellos. Donde unos triunfaron y sobrevivieron, los otros se extinguieron y fracasaron. Pero la evolución no tiene ganadores ni perdedores. Todas las especies están destinadas a desaparecer tarde o temprano. De hecho, el cerebro neandertal es del mismo tamaño que el nuestro, aunque los cráneos de una y otra especie tengan formas distintas. Y es que, no siendo determinante el tamaño del cerebro en la inteligencia de un individuo, su relación con el volumen corporal es relevante a la hora de establecer su posible capacidad cognitiva.

Hoy, gracias a las nuevas técnicas, a la genética y la paleoantropología, sabemos más de ellos que nunca. Ante nosotros se muestra un mundo nuevo. El mundo de los que una vez fueron nuestros vecinos y compañeros, los neandertales.

PREJUZGAMOS A LOS NEANDERTALES

En 1908 se descubrieron los restos de un hombre neandertal en La Chapelle-aux-Saints (Francia). Su cráneo y huesos se estudiaron detenidamente hasta que en 1911 se pudo presentar al público la reconstrucción de este ejemplar.

En aquella época, los neandertales no se tenían como parientes cercanos de los humanos, sino como ancestros más simiescos y «menos evolucionados» de *Homo sapiens*. La reconstrucción, hecha por Marcellin Boule, mostraba a hombres y mujeres encorvados, con apenas cuello y una columna recta, sin curvas. Eran peludos, simiescos, caminaban con las piernas flexionadas, su boca se proyectaba hacia afuera. Ciertamente, aquellas criaturas eran inferiores a la elegancia y el ingenio sapiens. Pero estudios posteriores desvelaron un problema de esta imagen. El hombre de La Chapelle-aux-Saints presentaba signos de una artrosis aguda y había perdido gran parte de los dientes. Era un anciano. Esas representaciones de los neandertales se habían hecho basándose en un individuo muy mayor y con una enfermedad degenerativa.

LOS FRACASADOS

A pesar de que aquel error fue corregido, la estampa acuñada en 1911 permanece aún hoy entre nosotros. No es casual que sigamos utilizando la palabra «neandertal» como un insulto a la inteligencia de otra persona. Durante décadas se ha considerado a los neandertales como una especie inferior, un espécimen más cercano al mono que a nosotros. Este prejuicio llevó a tacharlos de seres con una menor capacidad cognitiva, incapaces de crear arte o desplegar un pensamiento simbólico, rasgo que se consideraba exclusivamente nuestro. Tampoco se les atribuía la destreza necesaria para fabricar herramientas o cazar, se los tenía por carroñeros, sin cerebro suficiente para desarrollar un lenguaje. Hasta los huesos fracturados se interpretaron como una señal de que se herían entre ellos, poniendo el acento en su incivilización. Todo esto parecía cobrar sentido con su misteriosa extinción; ellos desaparecieron mientras nosotros seguimos aquí. El argumento fue: eran inferiores a nosotros y por eso perecieron. Pero este egocentrismo sapiens se ha visto completamente desafiado a la luz de los nuevos descubrimientos. Cada vez más se está cambiando por completo la concepción que teníamos de los neandertales, de brutos y primitivos a personas casi iguales a nosotros.

RECONSTRUCCIÓN Y RÉPLICA

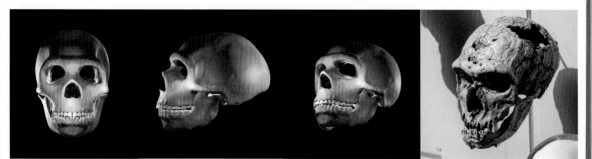

Reconstrución en 3D del cráneo neandertal (vistas frontal y lateral) del cráneo neandertal encontrado en La Chapelle-aux-Saints (Francia). Expuesto en Singapur en el Museo de Historia Natural de Lee Kong Chiang.

Vista exterior de la cueva de Shanidar, en Irak, donde se han hallado restos Neandertales muy significativos que explican sus actividades de grupo cohesionado.

Estatua de Rlaph Solecki, que exploró y excavó la cueva Shanidar (Irak), donde encontró los restos de ocho neandertales adultos y dos niños.

LA REVOLUCIÓN NEANDERTAL

Actualmente, la imagen que tenemos de los neandertales está cambiando drásticamente. Los nuevos descubrimientos han evidenciado lo equivocados que estábamos en nuestra imagen de esta especie. No eran unos brutos. Los huesos rotos que se apreciaron entre ellos se encuentran en la misma proporción que en nuestra propia especie. Además, las lesiones de este tipo son frecuentes en cazadores activos que persiguen grandes presas. Y es que los neandertales eran excelentes cazadores, aunque la carne solo constituía una parte de su dieta omnívora. Sus herramientas, que se corresponden con una industria lítica de modo 3, demuestran una gran destreza manual. Es más, ensamblaban las lascas de piedra a soportes de madera fabricando lanzas. Y creaban herramientas especializadas para cazar, despiezar, romper huesos o despellejar a sus presas; incluso eran capaces de hacer y controlar el fuego. De hecho, se han encontrado artefactos líticos similares y de igual calidad por todos los yacimientos de origen neandertal del mundo. Esta constante es signo de una sólida transmisión cultural entre ellos, que les permitió elaborar un utillaje lítico que a menudo se han confundido con el de *H. sapiens*.

Un ejemplo de su capacidad empática era el cuidado que prestaban a los miembros de su clan. En la cueva de Shanidar, en Irak, el primer esqueleto encontrado (Shanidar 1) mostraba un gran número de patologías: golpes en el cráneo que provocaban ceguera, un brazo posiblemente amputado, la pierna derecha fracturada y artrosis. Era casi imposible que pudiera andar. Sin embargo, este individuo de 40 años (un anciano para la época) consiguió sobrevivir. En la naturaleza, estos trastornos suelen ser una sentencia de muerte, a menos que se cuente

con la ayuda del grupo. Pero Shanidar tiene otra sorpresa. Shanidar 4 es un esqueleto enterrado en el cual se ha encontrado el polen de diversas flores, por eso el conjunto es conocido como «entierro de las flores». Los restos iraquíes apuntan a que los neandertales enterraban a sus fallecidos, lo cual constituye un claro indicio de la existencia de un pensamiento simbólico. Ese pensamiento abstracto se confirma con las pinturas rupestres encontradas en España, como en la Cueva de la Pasiega (Cantabria), donde los neandertales dejaron sus dibujos hace 65 000 años. En la Cueva de los Aviones (Murcia) contamos con los ornamentos y pigmentos más antiguos conocidos, datados, también, en el periodo neandertal.

Pero sin duda, la prueba definitiva que acerca más a los neandertales a nosotros es la irrefutable evidencia de que hibridamos con ellos. Si pudimos reproducirnos quizás no éramos tan diferentes como pensábamos. De hecho, los neandertales han vivido en este planeta mucho más tiempo que nosotros. Ellos han pasado 360 000 años soportando los fuertes cambios entre los periodos glaciares e interglaciares, es decir, sobreviviendo en las condiciones climáticas más duras que han experimentado los primates. En contraste, los humanos actuales llevamos poblando el planeta Tierra 300 000 años, la mayor parte de los cuales los pasamos en latitudes cálidas, alejados de las condiciones más frías y hostiles.

VIAJANDO EN EL TIEMPO: EL PALEOARTE

El paleoarte es una disciplina artística ligada a la ciencia. Consiste en la reconstrucción visual de organismos del registro fósil. Dentro de este término se engloban la ilustración, animación, escultura, etc. Los paleoartistas deben tener una sólida base para crear sus modelos con solvencia. Necesitan conocer los datos e interpretarlos correctamente con el fin de crear representaciones lo más fiables posibles. En consecuencia, muchos de ellos o son científicos, o tienen un profundo conocimiento del campo.

Sin embargo, los fósiles no siempre nos ofrecen toda la información que necesitamos. Es en estos casos cuando recurrimos a la anatomía comparada, la genética, las filogenias, ontogenias, la parsimonia y, a veces y con cautela, dejamos espacio, el menor posible, a la especulación.

¿CÓMO SE HACE UNA RECONSTRUCCIÓN?

En cualquier reconstrucción paleoartística se recurre a una técnica conocida como disección inversa. Cuando un forense explora un cadáver siempre procede desde fuera hacia dentro. Como los paleoartistas solo cuentan con los huesos, siguen el proceso contrario. Primero ensamblan el esqueleto del animal en vida. Una vez montado y articulado, proceden a colocar la carne. Los músculos dejan marcas en los huesos indicando donde estuvieron fijados, por lo que podemos hacernos una idea bastante acertada de cómo se distribuían. Además, disponemos de la posibilidad de utilizar el conocimiento anatómico de nuestros propios cuerpos y nuestros parientes primates. De esta forma, montamos los músculos, cartílagos y tendones; también añadimos las vísceras y la grasa estimada de cada individuo.

El último paso, y el más complejo, es la reproducción de la parte más externa, la piel y el color.

A diferencia de los huesos o las inserciones musculares, el pelo y la piel dejan muy poca huella en los fósiles. Es aquí cuando la anatomía comparada y los análisis genéticos cobran más importancia, ya que nos permiten recuperar o recrear aquello que los fósiles han conservado. La reconstrucción de Lucy (*Australopithecus*) datado hace 3,2 millones de años. Museo de Ciencia de Bangkok (Tailandia) es una técnica omnipresente dentro de la paleontología y, como no podía ser menos, dentro del paleoarte. La genética ha sido esencial a la hora de establecer aspectos como el color de la piel, los ojos o el pelo de los primeros sapiens y neandertales. Ahora sabemos que los neandertales pudieron tener cabellos y pieles claras, es decir, eran rubios e incluso pelirrojos. Los humanos, en contraposición, teníamos una tez más oscura como consecuencia de nuestro origen africano. Fue más adelante cuando surgió el tono claro de los europeos, junto a otras tonalidades del cabello y los ojos.

Pero no solo existe la posibilidad de reconstruir el aspecto corporal de nuestros ancestros. Podemos incluso narrar parte de su historia y legado cultural. Los pigmentos, adornos y ropa que se han hallado

Exposición en el Centro de Arqueología Experimental de Atapuerca en 2016 con una reconstrucción de un campamento humano.

Anatomía de Lucy en el Museo
Nacional de Etiopía.

Reconstrucción del aspecto
de un hombre de Neandertal
en el Museo de Ciencia de
Trento, Italia.

Reconstrucción de un cazador humano
moderno en el Museo de Historia
Natural de Viena, Austria.

en los distintos yacimientos cobran importancia
y vida a través del paleoarte. Es posible construir
una representación fiel de personas con pinturas
simbólicas sobre sus cuerpos, con el color de los
pigmentos de los que se tienen evidencia, en una
escena en la que fabrican las herramientas de piedra
que conocemos. Incluso se va más allá ilustrando
a especies como los neandertales bajo el prisma
moderno. Desafiando los estándares antiguos, se
describen como individuos no muy diferentes a
nosotros. No hay más que mirar los trabajos de
artistas como Tom Björklund, mostrando a los
neandertales y otros *Homo* no muy distintos en
actitud y apariencia a nosotros mismos. Hasta se
puede situar a esos individuos en el ecosistema del
que formaron parte en el pasado más remoto.

Finalmente, si existen pocos datos es cuando
se recurren a las hipótesis más asentadas. No
obstante, la especulación debe manejarse con
cautela, pues el objetivo es informar al público
guardando fidelidad al pasado. Una idea errónea

puede calar hondo y asentarse tanto en la cultura
popular que sea difícil de desbancar.

SU IMPORTANCIA

El paleoarte tiene una gran importancia en el estudio
científico. Permite presentar los datos de forma
visual y concisa. Es bien sabido que una imagen vale
más que mil palabras. Pero donde el paleoarte cobra
mayor relevancia es en la divulgación científica.
La ciencia tiene como principal objetivo servir a la
sociedad. Entre sociedad y ciencia hay una relación
simbiótica. La sociedad de beneficia del avance
científico tanto en conocimiento como en mejoras
tecnológicas. Mientras, la ciencia necesita de la
sociedad para conseguir financiación, investigadores
y apoyo. De este modo, la comunicación entre estos
dos ámbitos es vital para que dicha relación funcione,
por eso la divulgación científica es tan importante.

El paleoarte crea una conexión especial con el
público. Una transmisión de información que muy
pocos pueden igualar. Presenta conceptos complejos
que quedan grabados en la retina. Son los dibujos y
esculturas los que nos ayudan a informarnos sobre
cómo era la vida de nuestros ancestros. Gracias
al poder de la imagen, creamos un concepto que
podemos asimilar e integrar en nuestro pensamiento.
Por eso es tan importante que el trabajo del
paleoarte sea riguroso. De otro modo, seguiríamos
concibiendo a nuestros ancestros como inferiores
y primitivos, y no como animales de los cuales
procedemos y compartimos linaje.

Reconstrucción de Lucy
(*Australopithecus*)
datado hace 3,2
millones de
años. Museo
de Ciencia
de Bangkok
(Tailandia).

EL HOMBRE DE CROMAÑÓN

En 1868, en el suroeste de Francia, se descubrieron unos restos de *Homo* en el abrigo de Cro-Magnon, una formación rocosa a modo de refugio. El yacimiento contenía los cráneos de varios adultos y un infante, muchos de ellos con signos de traumatismos o patologías.

El estudio de los huesos reveló que se trataban de algunos de los primeros restos paleontológicos encontrados de nuestra propia especie, con una antigüedad de 30 000 años. Es aquí cuando a los humanos anatómicamente modernos se les empezó a conocer como cromañones. Aunque este nombre solo puede asignarse a las poblaciones humanas europeas más recientes.

DE VUELTA A ÁFRICA

A pesar de la importancia de los cromañones, la humanidad no surgió en Europa. Con el fin de conocer nuestro lugar de origen, se recurrió al análisis del ADN mitocondrial. Este tipo de ADN se encuentra en las mitocondrias, unos orgánulos que poseen todas nuestras células y que proceden del óvulo fecundado de nuestras madres. Es decir, es un tipo de ADN que solo se hereda por vía materna, al igual que el cromosoma Y solo se hereda por vía paterna. El estudio del ADN mitocondrial apuntó a que nuestra especie había surgido aproximadamente hace 200 000 años de ancestros africanos. A su vez, aparecieron huesos como los cráneos etíopes de Herto y Omo Kibish (160 000 y 195 000 años, respectivamente) y el tanzano de Ngaloba, con una antigüedad de 120 000 años. Todos ellos parecían confirmar que surgimos en África; de modo que este continente es, por partida doble —homininos y nuestra propia especie— la cuna de la humanidad.

Sin embargo, esta vez no podíamos situar con exactitud nuestro lugar de origen. El Gran Valle del Rift no parecía ser el punto de origen de nuestra especie. Los restos humanos se encontraban esparcidos por distintas zonas de África. De hecho, el ejemplar humano más antiguo conocido ni siquiera se encuentra en el este del continente.

En Marruecos, en la cueva de Jebel Irhoud, se han descubierto los restos humanos más antiguos que existen, con una edad aproximada de 300 000 años. Anteriormente descrito como neandertal, el cráneo marroquí nos muestra no solo que nuestra especie es más antigua de lo que se pensaba, sino que nuestros rostros también lo son. Las características faciales de los sapiens ya se encuentran en este espécimen, pero

Cráneo del hombre de Cromañón que se expuso en el Museo Nacional de Ciencias Naturales de Ucrania en 2018.

La pelvis del *Homo sapiens* es más estrecha que la de otros *Homo*; es uno de los rasgos diferenciales más acusados.

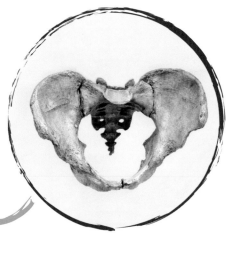

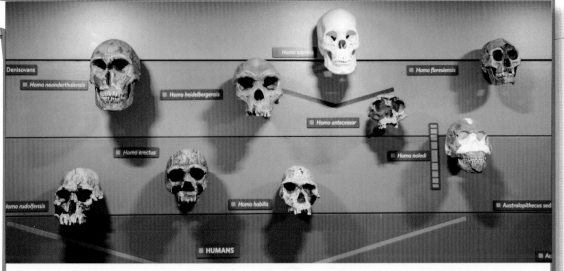

Cuadro de la evolución humana con todos nuestros ancestros expuesto en el Museo Nacional de Historia de Londres. La actual diversidad humana es la consecuencia de millones de años de evolución, no solo biológica, sino también cultural.

no nuestra cabeza redondeada. Este individuo tiene una cabeza más aplanada, muy similar a las de *Homo* anteriores o a las de los neandertales. Se acumulan las evidencias de que los humanos modernos no surgieron en un único paso evolutivo. Nuestros cuerpos se fueron configurando en distintos cambios progresivos. De este modo, todos esos esqueletos africanos que se habían adjudicado a *H. sapiens* pertenecen a individuos más modernos de lo que se pensó. Todo esto nos lleva a revisar la diversidad de ejemplares humanos encontrados, siendo conscientes de que nuestro linaje es más antiguo de lo que pensamos en un principio.

¿QUÉ NOS HACE ÚNICOS?

Homo sapiens se diferencia de otras especies de *Homo* por una serie de rasgos morfológicos concretos: una cabeza globular, dientes y mandíbula pequeños, un mentón, un rostro suavizado sin apenas «cejas óseas», una pelvis estrecha y, en general, una constitución más esbelta. Sin embargo, ya sabemos que estos rasgos se fueron desarrollando poco a poco en la peripecia de nuestra especie. Pero los humanos actuales nos caracterizamos por otros aspectos, además de por nuestra morfología ósea.

Somos la única especie de *Homo* que permanece viva en la Tierra. De todos los antecesores que hemos conocido, solo quedamos nosotros, los «últimos mohicanos» de un linaje entero. Desde nuestros inicios hemos creado refinadas herramientas, hemos desarrollado un lenguaje complejo y simbólico y hemos aprendido a vivir en grupos cada vez más amplios. La evolución biológica y cultural de nuestra especie se desarrolló sin pausa desde su nacimiento en África hasta su dispersión por todo el globo. Ambos aspectos, biología y cultura, serán determinantes en el destino de toda la humanidad. Poco a poco, la mezcla genética de los primeros grupos humanos se hizo patente a la salida de África. El intercambio genético entre los humanos modernos fue constante, provocando una enorme diversidad genética. No solo eso, sino que llegaría al extremo de adquirir genes de otras especies.

Así pues, los humanos actuales somos el resultado de millones de años de evolución biológica y de miles de años de evolución cultural. La primera ha dejado su marca en nosotros bajo la forma de una gran diversidad humana distribuida por todo el globo: humanos dispares físicamente, pero pertenecientes todos a la misma especie. Las grandes migraciones humanas y los cruces entre poblaciones distintas ha sido los detonantes de esta gran heterogeneidad. La otra evolución, la cultural, ha hecho posible lo imposible: las herramientas, la tecnología, el conocimiento del entorno, los ritos funerarios y las creencias, el arte, la medicina, la ciencia, las interacciones sociales. Todos estos elementos forman parte de nuestra naturaleza y son la causa de nuestro éxito como especie.

NUESTRA SALIDA DE ÁFRICA

En un principio, los fósiles más antiguos de *Homo sapiens* encontrados fuera de África, en las cuevas israelíes de Skhul y Qafzeh, se dataron entre 120 000 y 90 000 a. e. c. pero Israel nos tenía reservada una sorpresa adicional.

Recientemente, en la cueva Misliya, han sido descubiertos los restos humanos más antiguos fuera de África, en torno a 180 000 a. e. c. Es incluso más antiguo que algunos fósiles humanos africanos. De hecho, coincide con los estudios genéticos que datan dicha salida hace 220 000 años. Esto es una fuerte evidencia de que los humanos abandonamos África mucho antes de lo que se pensó y que nuestra primera migración pasó por Oriente Próximo.

LA PRIMERA INCURSIÓN

Los restos israelíes indican que nuestra especie abandonó África antes de lo que se pensaba. De hecho, los estudios genéticos evidencian un intercambio entre las primeras poblaciones humanas anterior a la mandíbula de Misliya. Es decir, es muy probable que nuestra salida de África haya sucedido incluso antes. Pero, a falta de material fósil asiático, no podemos afirmarlo con seguridad. Es más, los restos humanos más antiguos que se tienen en Asia se encuentran

en China y se han datado entre 80 000-113 000 a. e. c. Aunque la genética nos ayude a rellenar los huecos, será el descubrimiento de nuevos fósiles en Asia lo que nos indique cómo sucedió la expansión de los humanos fuera de África.

Pero esta expansión no solo se muestra en los restos directos. Las herramientas también nos arrojan luz sobre esta cuestión. Al igual que el ejemplar marroquí, al que se atribuye una antigüedad de 300 000 años, tanto en África como en Israel ya hay pruebas de la utilización del método de Levallois, o modo 3. Dichas herramientas líticas implican que esta tecnología apareció tempranamente en nuestra especie mientras se expandía desde África hacia Asia y Europa. Es decir, no solo hubo un flujo genético entre diversas poblaciones, sino que la transmisión cultural viajó con todas ellas.

EL INICIO DE NUESTRA DIVERSIDAD

La salida de África tuvo una gran importancia no solo en la expansión de nuestra especie. Fue clave y dejó marca en nuestra diversidad genética. Los hallazgos africanos ya muestran una gran diversidad morfológica, con una mezcla de rasgos primitivos y modernos. Tanto es así, que en un principio se pensó que el cráneo sapiens datado en 300 000 años pertenecía a un neandertal.

El método Levallois o método 3 es un sistema de talla y obtención de lascas elaborado que ya exigía gran habilidad. Supuso una innovación tecnológica y encontrar este tipo de restos puede ayudar a comprender la gran transmisión cultural entre poblaciones.

Los cambios climáticos desembocaron en la aparición de grandes mamíferos: mamuts, rinocerontes lanudos y felinos de grandes colmillos (en la imagen, cráneo de *smilodon* o tigre (diente de sable). Esos cambios también contribuyen a la especie humana.

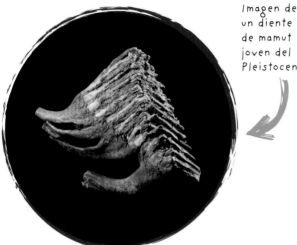

Imagen de un diente de mamut joven del Pleistoceno.

Todo esto parece indicar que la especie humana no se originó a partir de una única población. Es probable que los genes que configuraron nuestros cuerpos se dieran entre varias poblaciones, contribuyendo unas más que otras al surgimiento de nuestro linaje. Es lo que se conoce como un origen multirregional. En este sentido, puede que las poblaciones del norte de África cuenten con rasgos más propios de los primeros humanos, pareciéndose más a nuestros primos neandertales. Mientras, los grupos sudafricanos y del este sí que se asemejan más a lo que sería el futuro humano moderno.

Además, debemos tener en cuenta que el proceso evolutivo que originó nuestra especie sucedió en una escala temporal menor. Ya no transcurren millones de años. De hecho, los cambios se hacen tan sutiles que comienza a cobrar más importancia la variación genética que lo que se manifiesta morfológicamente. Es más, la morfología humana se mantiene estable hasta que en un punto concreto surgen los humanos modernos. Es como si los cambios se hubiesen estado acumulando y surgieran en un momento determinado de transformación ambiental. Como si en vez de

modelar una figura poco a poco, día tras día, esperásemos meses hasta que la esculpiésemos por completo en un día de trabajo. Esto en evolución se conoce como equilibrio puntuado, ya que la evolución no siempre sigue una línea progresiva y puede dar saltos. Estos cambios coinciden con las fuertes oscilaciones de aridez y temperatura del Pleistoceno. También contribuyó el efecto fundador y la extinción de poblaciones locales. Todos estos factores confluyeron en la especiación de *H. sapiens*.

Sumado a esto, la salida de África supuso la coexistencia e interacción de los humanos con otras especies, como los neandertales. Actualmente, el que nuestra especie y los neandertales se reprodujeran es un hecho probado. Nuestro ADN contiene genes de otras especies de *Homo*. En este escenario existen dos posibilidades: o bien el nuevo ADN incorporado nos brindó nuevas características físicas, dando origen a nuestra actual anatomía, o bien nuestros genomas se mezclaron tanto que acabamos absorbiendo otras especies.

Sea como fuere, nuestra especie salió de África y colonizó prácticamente todo el globo. En su periplo se encontró con otras especies parecidas e interactuó con ellas. Todas estas especies acabaron desapareciendo; en cambio, la nuestra resistió hasta que se hizo con el control de la Tierra. Solo queda saber si dicha hegemonía fue ganada a fuerza de provocar la extinción de nuestras especies hermanas o de fusionarnos con ellas.

LINAJE EUROPEO Y AFRICANO CARA A CARA

Entre Asia y, sobre todo, Europa, sucedió el encuentro de *Homo sapiens* y *H. neanderthalensis*. Los linajes del *Homo* euroasiático y del africano, que habían seguido un camino evolutivo distinto, finalmente coincidieron en el Pleistoceno. A pesar de su parentesco, ambos grupos humanos eran físicamente distintos, contando cada uno con una serie de características identificativas.

NEANDERTALES FRENTE A SAPIENS

Los neandertales tienen una morfología muy distinta a la nuestra. Sus cuerpos son robustos, masivos, más bajos. Es como si estuvieran comprimidos. Pero lo que les falta en altura, lo tienen en músculo. Sus esqueletos indican que poseían una gran masa muscular, mayor que la de nuestra especie. Incluso sus rostros se constituían de forma distinta. No tenían mentón, su cara estaba más proyectada hacia delante, con mandíbulas más grandes y unos arcos óseos sobre los ojos, a modo de cejas, más marcadas que las de *Homo sapiens*. Curiosamente, su cráneo es más grande que el nuestro y más alargado que redondeado.

El porqué de la morfología neandertal ha sido un tema recurrente entre los paleoantropólogos. La hipótesis más recurrente asociaba esos rasgos a los climas fríos de la Europa glacial del Pleistoceno. Es sabido que los animales que viven en latitudes más altas con climas más fríos tienden a presentar cuerpos más redondeados. Al igual que a nosotros se nos enfrían las manos en invierno, las extremidades y otras estructuras que sobresalen de centro de calor son las primeras en perder temperatura. Por esta razón, los animales árticos presentan orejas pequeñas y patas cortas mientras que sus contrapartes desérticas tienen orejas y patas largas con el fin de disipar calor. De hecho, dentro de nuestra propia especie podemos ver los efectos del clima sobre las diversas poblaciones humanas. Los inuit y y otros grupos que viven cerca del Ártico tienden a tener cuerpos más compactos, favoreciendo la conservación del calor.

Mientras, las tribus subsaharianas son esbeltas y altas, provocando el efecto contrario.

Sin embargo, los neandertales no habitaban exclusivamente en climas fríos. Nuevos yacimientos han desvelado que no solo tenían presencia en Europa, sino que contaban con poblaciones asiáticas, llegando hasta Siberia. Es más, los yacimientos del Mediterráneo, así como los encontrados en el sur de España y en Italia, evidencian que también vivían en climas templados y cálidos. Se refugiaban en estas regiones cuando el resto de Europa estaba cubierto de hielo durante los periodos glaciales. Entonces, ¿qué factores han modelado su cuerpo?

La hipótesis que cobra más fuerza es el consumo de oxígeno. El músculo es un tejido que consume una gran cantidad de energía y oxígeno. Si a esto le sumamos su gran cerebro, nos encontramos con unos requerimientos de energía enormes. La obtención de energía no procede únicamente de la ingesta de alimentos, sino también de la respiración. Al fin y al cabo, el oxígeno es la molécula que nos permite sacar energía de lo que comemos. En consecuencia, los cuerpos de los neandertales tienen modificaciones que propician una mayor ventilación pulmonar. Sus cajas torácicas son mucho más grandes que las nuestras, con una capacidad pulmonar un 20 % mayor. Si a esto añadimos sus anchas narices y la forma de sus caras, proyectadas hacia delante, todo parece indicar que sus cuerpos se adaptaron a una mayor demanda de oxígeno.

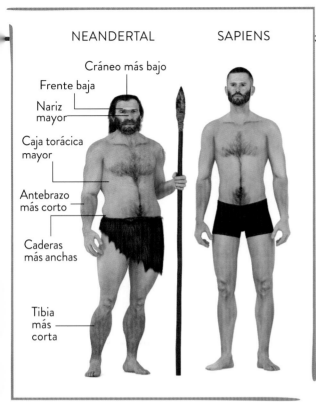

NEANDERTAL | SAPIENS

Cráneo más bajo

Frente baja

Nariz mayor

Caja torácica mayor

Antebrazo más corto

Caderas más anchas

Tibia más corta

Representación comparativa digital de un hombre de Neandertal frente a uno actual.

En contraposición, *H. sapiens* presentaba un cuerpo más grácil, alto y estrecho. Su masa muscular y capacidad pulmonar eran menores. En consecuencia, requerían menos energía que sus contrapartes euroasiáticas. Es más, la esbelta figura del sapiens indica que somos corredores de largas distancias. Gran parte de nuestra anatomía y fisiología sugiere que somos buenos corredores de fondo; así lo indican, por ejemplo, la facilidad para sudar sin tener que jadear o la relación de tamaño entre nuestra caja torácica y caderas.

FANTASMAS DEL PASADO

En Siberia, en la cueva de Denisova, se descubrió un molar humano junto a otros restos óseos muy fragmentados. Era más grande que el de un neandertal o uno nuestro, asemejándose a los de otras especies de *Homo* más antiguas. De hecho, era tan grande que en un principio sus descubridores pensaron que era un diente de oso.

Entrada en la Cueva Denisova, en Altái, Siberia, donde fue encontrado el grupo humano llamado denisovano.

Los restos eran tan escasos que parecía imposible reconstruir cómo eran estos ejemplares. Por eso, se recurrió a la genética. El ADN reveló que este era un nuevo grupo humano, aunque los investigadores no son capaces de decidir si era una especie por sí sola o una población peculiar de alguna otra especie. Así, se ha identificado un misterioso grupo humano del que prácticamente todo lo que conocemos de él se basa en su legado genético. Un grupo fantasma conocido como los denisovanos.

Los denisovanos coincidieron temporalmente con neandertales y sapiens. Es más, en la cueva de Denisova había mezclados huesos de neandertales y restos de sapiens. En aquella cueva habían habitado tres grupos humanos distintos. Este misterioso grupo humano se extendió desde Siberia, pasando por el Tíbet hasta el este asiático. Los análisis genéticos han demostrado que son parientes próximos de los neandertales y probablemente presentaban una morfología similar a ellos.

NUESTROS GENES NEANDERTALES

El concepto clásico de especie se basa en definir un grupo de organismos que son capaces de reproducirse entre sí dando descendencia fértil. Sin embargo, como muchos otros aspectos en el campo de la biología, esta regla tiene multitud de excepciones.

Existen muchas especies que son capaces de reproducirse entre sí y dar individuos fértiles. Ejemplos de ello son las belugas con los narvales, los osos pardos y los osos polares, las vacas y los bisontes y un largo etcétera. Entonces, ¿existen verdaderamente las especies?

Debemos tener en cuenta que este concepto básico está muy limitado. Es una realidad con restricciones artificiales. Los animales se reproducen como pueden y cuando pueden, sin tener en mente lo que es una especie. Si se reproducen y tienen descendencia que sale adelante es lo único que importa. Obviamente, en este proceso es conveniente juntarse con individuos con los que sea posible reproducirse de forma efectiva, de ahí que los animales se suelan agrupar con individuos similares formando una especie. Pero eso no impide que puedan copular con especies emparentadas o muy cercanas. Solo si la diferencia es muy grande serán incompatibles, tanto genéticamente como en la cópula. Incluso se dan casos en los que los individuos de una especie se sienten más atraídos hacia otra especie que a la suya propia.

LA HIBRIDACIÓN CON NEANDERTALES

Cuando se secuenció el ADN neandertal de los individuos encontrados en Siberia, Croacia y España, se hizo evidente que había coincidencias entre su genoma y el nuestro. Algunos de aquellos genes de procedencia neandertal se pueden encontrar en el ADN de los humanos modernos. Finalmente, se confirmó lo que se sospechaba desde hace un tiempo: los neandertales y los sapiens hibridamos. De hecho, los europeos y asiáticos cuentan con un 2-3 % de

ADN de origen neandertal. Puede no parecer mucho, pero los cambios en algunos genes específicos pueden ser determinantes en el transcurso evolutivo.

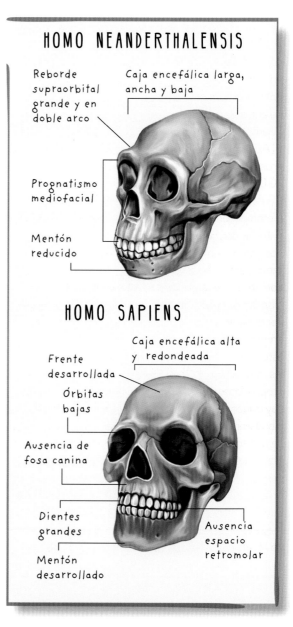

HOMO NEANDERTHALENSIS

Reborde supraorbital grande y en doble arco

Caja encefálica larga, ancha y baja

Prognatismo mediofacial

Mentón reducido

HOMO SAPIENS

Caja encefálica alta y redondeada

Frente desarrollada

Órbitas bajas

Ausencia de fosa canina

Dientes grandes

Mentón desarrollado

Ausencia espacio retromolar

Los cruces fueron constantes. Análisis del cromosoma Y de hombres neandertales procedentes de España, Rusia y Bélgica muestran que estos individuos tenían un Y parecido al del cromañón. Es más, era más parecido al de un sapiens que al de sus parientes más cercanos, los denisovanos. Este cromosoma se hereda de forma exclusiva por línea paterna, lo que significa que hace más de 100 000 años, hombres de cromañón hibridaron con mujeres neandertales. Esto fue así hasta el punto de que el cromosoma Y cromañón se heredó entre los descendientes varones neandertales sustituyendo el cromosoma Y neandertal. Pero también hubo cruces en el otro sentido. Hay ADN mitocondrial cromañón entre los neandertales; como se ha visto hace unas páginas, el ADN mitocondrial solo se hereda por línea materna. Hace 220 000 años, una mujer cromañón hibridó con un hombre neandertal dejando su legado genético en forma de ADN mitocondrial. Paradójicamente, la población humana que originó dichos cruces es una de entre las muchas que acabaron extinguiéndose sin dejarnos al *Homo sapiens* actual ese legado genético. El ADN neandertal que conservamos actualmente procede de hibridaciones sucedidas hace unos 70 000-50 000 años.

Como podemos ver, hubo un flujo genético constante entre las diversas poblaciones de las distintas especies. Los grupos humanos se mantenían en constante movimiento y en esos desplazamientos coincidían con otros y se reproducían. Y es que no solo hibridamos con los neandertales. También tenemos genes denisovanos, el misterioso grupo humano emparentado con los neandertales que ocupó el este de Asia. Su ADN permanece presente entre los melanesios y los aborígenes australianos, con proporciones que oscilan entre un 3% y un 6%. Incluso hay evidencia de que los neandertales y los denisovanos hibridaron. En Denisova, el análisis del ADN del hueso de una adolescente de 13 años indica que su madre era neandertal, de ascendencia balcánica, y su padre denisovano, que a su vez tenía ascendencia neandertal.

Este cóctel genético tuvo su repercusión en África. Hay ADN neandertal en las poblaciones africanas de *H. sapiens*, a las que se consideraba ajenas a las hibridaciones euroasiáticas. Los cromañones, en algún momento, hicieron una migración inversa volviendo a África hace 20 000 años y dejando los genes neandertales que habían adquirido en Eurasia.

Los actuales aborígenes australianos conservan en su ADN entre un 3% y un 6% de denisovano por lo que se puede concluir que los sapiens hibridamos con ellos en algún momento.

¿CÓMO NOS HA AFECTADO?

A menudo se atribuye ser pelirrojo o tener piel pálida a nuestra ascendencia neandertal. Pero esto es falso. Los genes responsables de estos rasgos no proceden de los neandertales; la razón es que ambas especies han llegado a una convergencia evolutiva. Cromañones y neandertales tienen estas características de forma independiente y no porque uno las haya heredado del otro. Es más, es muy difícil determinar a simple vista si una persona tiene rasgos neandertales o no. Son caracteres integrados profundamente en el ADN y resultan muy difíciles de identificar *de visu*.

Sin embargo, tenemos genes neandertales que han influido en nuestras vidas. Algunos de ellos nos han dotado a un sistema inmune mejorado y han dado forma a nuestros cráneos. Otros, sin embargo, se asocian a trastornos como una mayor sensibilidad al dolor, tendencia a la obesidad o a la depresión, propensión a las quemaduras solares, narcolepsia... Sin embargo, lo cierto es que estos trastornos son resultado de nuestro actual estilo de vida. Dichos genes no tenían influencia en el modo de vida nómada que llevaban nuestros ancestros; ha sido el sedentarismo lo que ha hecho que entren en la ecuación. Sea como fuere, aunque muchas mutaciones o genes de nuestro ADN tienen ascendencia neandertal, no sabemos con seguridad hasta qué punto esos genes se manifiestan en nuestros cuerpos.

EL ENIGMÁTICO HOMBRE ESTRELLA

En 2013 se hizo una exploración en la cueva de Rising Star, en Sudáfrica. Entre aquellos estrechos muros, los investigadores tuvieron que reptar 30 m por pasadizos que tenían menos de 25 cm de altura con el fin de llegar al yacimiento. Los esfuerzos de los investigadores se vieron recompensados cuando encontraron en la cámara Dinaledi nada más y nada menos que 1550 restos óseos.

Recreación facial de *Homo naledi*, la apariencia que puede tener, encontrado en la cueva Rising Star en Sudáfrica y considerado un extraño *Homo* que representa una mezcla de características modernas y primitivas.

Gracias a estos restos se identificaron 15 individuos distintos de lo que era una nueva especie de *Homo*. Sin duda, es el yacimiento con un mayor número de restos homininos de África. Nació así *Homo naledi*, cuyo nombre específico en sotho, una lengua de Sudáfrica, significa «estrella».

¿POR QUÉ ES ÚNICO?

H. naledi es único porque es una extraña quimera de rasgos primitivos y modernos. Esta especie del género *Homo* presenta postura erecta y una estatura propia de su género, pero su capacidad craneal se acerca más a la de un australopitecino. Por otra parte, los hombros y los dedos curvados de las manos presentan características propias de una especie arborícola, pero las muñecas y otros aspectos de las manos muestran signos de poseer una gran destreza manual. Quizá fabricó herramientas, pero no se ha encontrado ninguna en el yacimiento. Su cadera, similar a la que podría presentar Lucy, contrasta con sus pies de *Homo*, rectos y sin forma de garra como otros primates arborícolas. Hasta su rostro de nariz plana se asemeja a especies tempranas de homininos.

Esta conjunción de caracteres recuerda mucho a otras especies de *Homo* más antiguas, como *H. habilis*. Por su constitución, *H. naledi* parece que era capaz de caminar en el suelo como lo haría cualquier especie de *Homo*, pero su tren superior muestra adaptaciones arborícolas. Luego es posible que este extraño pariente pasase parte de su tiempo en los árboles. Hasta las marcas dentales sugieren una alimentación muy distinta a otros *Homo*, con indicios de abrasión por partículas pequeñas como tierra o cáscaras duras. Con todo esto, se calculó que esta especie podría situarse hace un millón de años por su semejanza a *H. habilis*.

Finalmente, en 2017 se consiguió datar los restos de estos extraños y arcaicos ejemplares. Sorprendentemente, esta especie que se asemeja tanto a ejemplares antiguos de nuestro género, tenía en realidad entre 335 000 y 236 000 años. Es decir, en Sudáfrica existió una especie aparentemente arcaica de *Homo* mientras *Homo sapiens* se distribuía por África y los neandertales se desarrollaban en Europa. Es como tener a un *H. habilis* conviviendo con los primeros *H. sapiens*.

Sus características únicas y su datación dificultan establecer su parentesco con el resto de especies de *Homo*. Aún hoy se debate sobre cómo encajar esta especie en el árbol filogenético humano.

LA PIEZA QUE NO ENCAJA

Mientras que a *H. floresiensis* se le atribuía su pequeño tamaño y baja capacidad craneana a su adaptación a un entorno isleño, *H. naledi* se presenta en Sudáfrica con una mezcla de características modernas y arcaicas. *H. naledi* supone una sorpresa porque

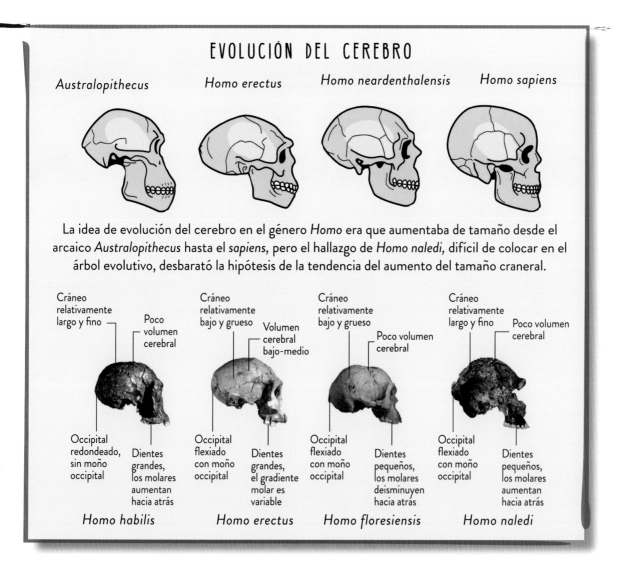

EVOLUCIÓN DEL CEREBRO

Australopithecus *Homo erectus* *Homo neardenthalensis* *Homo sapiens*

La idea de evolución del cerebro en el género *Homo* era que aumentaba de tamaño desde el arcaico *Australopithecus* hasta el *sapiens*, pero el hallazgo de *Homo naledi*, difícil de colocar en el árbol evolutivo, desbarató la hipótesis de la tendencia del aumento del tamaño craneal.

Cráneo relativamente largo y fino — Poco volumen cerebral

Occipital redondeado, sin moño occipital — Dientes grandes, los molares aumentan hacia atrás

Homo habilis

Cráneo relativamente bajo y grueso — Volumen cerebral bajo-medio

Occipital flexiado con moño occipital — Dientes grandes, el gradiente molar es variable

Homo erectus

Cráneo relativamente bajo y grueso — Poco volumen cerebral

Occipital flexiado con moño occipital — Dientes pequeños, los molares deisminuyen hacia atrás

Homo floresiensis

Cráneo relativamente largo y fino — Poco volumen cerebral

Occipital flexiado con moño occipital — Dientes pequeños, los molares aumentan hacia atrás

Homo naledi

desafía la idea que se tenía sobre la evolución del cerebro humano. Se había asumido que la evolución de nuestro género tenía tendencia a un aumento encefálico. Un cerebro más grande se convertiría en una ventaja adaptativa, ya que habría permitido desarrollar funciones más complejas y resolver problemas que amenazasen nuestra supervivencia. De ahí, que todo el proceso de hominización desembocara en los neandertales y sapiens, las especies que han mostrado una mayor capacidad craneal del todo el género. Viviendo en la misma época que estas dos últimas especies, el hombre estrella pudo sobrevivir y prosperar en el mismo entorno que nuestros ancestros con una capacidad craneal mucho menor. Este eslabón recién hallado se desligaba por completo de la cadena de progresión que los científicos venían planteando. Puede ser considerado como una especie en éxtasis evolutivo, que apenas ha sufrido cambios.

H. naledi, junto con otras especies, no deja de recordarnos que la postura bípeda y la adaptación a recorrer largas distancias no surgieron al mismo tiempo que el aumento del tamaño corporal, del cerebro o el uso de herramientas. De nuevo, la evolución humana se nos muestra como un abigarrado mosaico de individuos con características mezcladas que poco a poco desembocan en los grupos que conocemos. Además, nos indica una vez más que en África han convivido una gran diversidad de formas humanas, todas ellas exitosas, que han dejado su marca en el registro fósil africano.

LOS BISONTES DE ALTAMIRA Y OTRAS OBRAS MAESTRAS

El arte es una de las realizaciones más complejas que ha llevado a cabo nuestra especie. Requiere de un avanzado desarrollo cognitivo, así como de gran capacidad de abstracción y la generación de un lenguaje simbólico.

Se ha considerado desde antiguo como un sello de identidad humano. No se conocía otra especie capaz de generar algo tan intrincado como una obra de arte. La finalidad que pudieran darle nuestros ancestros a dichas obras continúa siendo tema de debate. Pinturas rupestres, objetos ornamentales como colgantes, figuras de diverso tipo, todo ello formaba una parte importante de la vida de nuestros antepasados.

La explicación más sencilla sería suponer que realizaban aquellas «piezas artísticas» por puro placer o entretenimiento. Aunque en algunos casos, como las pinturas rupestres, muchas de ellas se encuentran en lugares de difícil acceso y lejos de las zonas donde habitaban estos individuos. Otras hipótesis se basan en la comparación con otros grupos humanos actuales para los que los tótems forman una parte muy importante de su cultura. En este sentido, un animal podría ser venerado y adoptado como un símbolo de la identidad de todo el clan. Otra posibilidad se basa en la religión. La representación de animales y otros símbolos podría formar parte de rituales chamánicos u otras creencias con el fin de obtener algo, ya sea fertilidad, comida, refugio, etc. Muy probablemente, estos testimonios artísticos sirvan a varios propósitos y no solo se expliquen por un único factor. De hecho, el arte no deja de ser un medio de comunicación. Una forma de expresar conceptos o ideas complejas. Es perfectamente posible que cada obra tuviera diversos significados o motivaciones.

Uno de los mayores ejemplos del arte paleolítico se despliega en la cueva de Altamira, en Cantabria. En 1879, Marcelino Sanz de Sautuola visitó la cueva por segunda vez tras haberse informado sobre los yacimientos franceses. Se decidió a investigar las cuevas cántabras en busca de ese tipo de arte prehistórico cuando su hija, que iba con él, encontró las famosas figuras de los bisontes en el techo de una cavidad. Con el tiempo Altamira fue ganando peso en el panorama mundial hasta que se convirtió en la joya que es hoy en día. Esta cueva alberga un conjunto pictórico en el que se combinan simbolismos, se aprovecha la forma natural de la roca para dar volumen a los animales y se despliega un realismo inusual y cautivador aún hoy. Sus pinturas, datadas entre los 35 600 años de las más antiguas y los 19 000 años de las más recientes, son un referente mundial en el arte de nuestros ancestros.

TIPOS DE MANIFESTACIONES

- **Arte rupestre**. También conocido como arte parietal, consiste en pinturas creadas en las paredes de las cuevas u otras rocas con distintos pigmentos. Era común el uso del carbón vegetal u otros materiales como óxidos de hierro y manganeso. Hay multitud de figuras que podemos apreciar en este tipo de arte, desde escenas de caza, animales en reposo, preñados, símbolos...
- **Arte mueble**. Engloba todas aquellas representaciones artísticas que son objetos y pueden transportarse: cuchillos, ornamentos,

Derecha, petroglifos en la gruta de Buey Marino, Cerdeña, y pinturas rupestres en la Cueva de Las Manos en la Provincia de Santa Cruz, en la Patagonia Argentina.

Ciervo pintado en la Cueva de Altamira, con gran realismo y pigmentos de óxido de hierro.

Los bisontes y caballos de la Cueva de Altamira podrían obedecer a un ritual religioso o chamánico o al simple deseo artístico del Homo paleolítico.

figuras, etc. Las populares venus paleolíticas son uno de los ejemplos más famosos. Se trata de misteriosas figuras femeninas con atributos sexuales exagerados a las que se les atribuye la condición de ser símbolos de fertilidad o formar parte de algún rito religioso. También destacan los ornamentos personales, como los colgantes, que se han encontrado en la cueva de Denisova.

- **Petroglifos**. Es un tipo de arte más moderno, ya perteneciente al Neolítico. Consiste en la formación de surcos en la piedra con el fin de crear un grabado. En España contamos con buenos ejemplos de este tipo de arte en Galicia, en Campo Lameiro. Más adelante surgirán otras manifestaciones artísticas, como las relacionadas con la metalurgia o los primeros esbozos de arquitectura con los dólmenes y menhires.

EL ARTE NEANDERTAL

La perspectiva sobre el estudio del arte prehistórico ha dado un giro completo con el descubrimiento del arte neandertal. *Homo sapiens* ya no es el único animal del planeta experto en crear grabados o pinturas. Se ha demostrado que los neandertales también fueron capaces de desplegar un lenguaje simbólico.

En un principio, se pensó que el arte neandertal podría haber sido heredado por un intercambio cultural con los cromañones en Europa. Sin embargo, las nuevas técnicas de datación nos han permitido descubrir pinturas y arte mueble más antiguos que la llegada de cualquier *H. sapiens* a esas tierras. Y por aquel tiempo, los únicos *Homo* que habitaban esos territorios eran los neandertales. Ejemplos de ello son la cueva de los Aviones en Murcia, con pigmentos datados en 150 000 a. e. c. Otro ejemplo es la Grotte du Renne en el norte de Francia donde se pueden ver colgantes y otros objetos creados con colmillos y huesos de mamut. La cueva de La Pasiega, cercana a Altamira, también cuenta con motivos pictóricos antiguos a modo de puntos y escaleras. Las últimas dataciones indican que fueron creados por neandertales hace 65 000 años.

Todo indica que los neandertales desarrollaron de forma independiente su propio lenguaje simbólico y su propio arte.

Copia de la Venus de Willendorf, tradicionalmente se han intepretado estas figuras como un fetiche de la fertilidad o diosa madre, esta se conserva en el Museo de Historia Natural de Viena.

EL SER HUMANO COMO ANIMAL SOCIAL

Los primates son animales altamente sociales. Viven en grupos familiares grandes y suelen acicalarse unos a otros estableciendo vínculos entre ellos. La vida en sociedad aporta una serie de ventajas, como una mayor protección al vivir en grupos y mayor facilidad a la hora de encontrarse e interactuar con individuos de una misma especie.

A menudo, estas agrupaciones necesitan de unas normas y de la colaboración entre los individuos que las forman para que funcionen. Al igual que las manadas de lobos que cazan juntas o los delfines que acorralan peces, los humanos también pasamos parte de nuestra vida trabajando en grupo. De hecho, es muy probable que esta coordinación sea una de las claves del éxito humano, pues somos capaces de colaborar con individuos no emparentados con nosotros. Incluso con desconocidos.

En el reino animal, los comportamientos colaborativos no son raros. El altruismo entre distintos miembros suele proceder, paradójicamente, de motivaciones egoístas. Un ejemplo son los murciélagos vampiro. Si una noche uno de sus compañeros vuelve sin haber probado una gota de sangre, le regurgitan comida. Es como un préstamo. Para la próxima, el buen samaritano vampiro sabe que su compañero le debe una y si un día es él quien vuelve con hambre, el otro acudirá a ayudarle. Esto se conoce como altruismo recíproco.

Por otro lado, tenemos el altruismo familiar, el auxilio hacia parientes cercanos. Estos actos de generosidad también presentan intereses ocultos ya que buscan la supervivencia del ADN de cada individuo. En caso de que no nos pudiéramos reproducir, nuestros parientes cercanos son los que portan una carga genética similar a la nuestra. Luego, nos interesa que una porción mínima de nuestros parientes sobreviva porque, en parte, con ellos subsiste cierta parte de nosotros mismos. Tanto es así que el sacrificio individual, un acto que puede parecer completamente desinteresado, se basa, en lo más profundo, en una lógica pragmática. Los padres se sacrifican por sus hijos con el fin de favorecer la supervivencia de su herencia, sus genes. Cuanto más alejado el parentesco, menos compensa el sacrificio. Esta es la razón por la que muy pocas veces vemos madres defendiendo cachorros de otras hembras. En consecuencia, solo se realizará un sacrificio por individuos lejanamente emparentados si su número es muy alto. Si no compartimos genética con un único individuo, es más probable que compartamos parte de nuestro ADN con un número mayor de ellos. De hecho, muchos dilemas morales se basan en esta regla, elegir entre nuestros familiares o miles de personas con las que podríamos compartir ascendencia.

Pero la colaboración no acaba ahí, sino que aparece incluso actualmente en nuestro ámbito de trabajo. El trabajo conjunto entre individuos desconocidos solo se puede dar cuando se sabe que unidos obtendrán

Establecer grupos sociales grandes para protegerse y colaborar es una estrategia animal extendida en la naturaleza. No solo los humanos, sino lobos, delfines o murciélagos lo hacen.

Otros primates también forman grupos sociales complejos con su propia estructura, conductas y normas.

El grupo familiar o tribu se formó en la noche de los tiempos.

mayores beneficios que actuando solos. En entornos donde todos se pelean por los recursos, asociarse es una estrategia muy eficaz. En este contexto, aquellos grupos con una mejor coordinación y estrategia sobreviven o sobrepasan a los menos eficientes.

LA ELECCIÓN DE PAREJA

Vivir en grupos también permite aumentar las probabilidades de encontrar pareja. Con respecto a los humanos, se han estudiado durante años las motivaciones detrás de la elección de un pretendiente. Decisiones que consideramos adoptadas bajo el influjo del libre albedrío no son tan libres como creemos.

Por ejemplo, las mujeres suelen verse atraídas por rostros más masculinos cuando ovulan. La testosterona es una hormona cuyos altos niveles suelen ser un buen indicador de un buen sistema inmune. Cuando el objetivo es establecer una relación poco duradera, tienen preferencia por este perfil. Sin embargo, cuando las mujeres no están en su periodo más fértil buscan hombres con rostros más suaves y que demuestren gusto por los niños. Estos, en principio, son compañeros ideales para relaciones de mayor duración y para contribuir en la crianza de los descendientes. El embarazo y la crianza de un hijo tiene un coste alto en términos de energía y las hembras de todos los animales deben elegir bien a la hora de hacer tal inversión. De esta forma, las mujeres se aseguran de tener lo mejor de lo mejor en función de las circunstancias de su situación.

Es más, somos capaces de identificar una potencial pareja por el olor. En estudios con voluntarias se les pedía que seleccionasen de entre una muestra de sudores de distintos hombres aquel que les resultase más atractivo. Sorprendentemente, solían elegir el de un hombre que tenía alelos distintos a los de ellas. Es decir, hombres genéticamente diferentes con los que tener una descendencia provista de una mayor diversidad genética. Los hombres también son capaces de detectar cuando una mujer está ovulando. Durante la ovulación, el rostro femenino se hace más simétrico y atractivo, los olores y la voz cambian al igual que ciertos comportamientos. Tal es así que un estudio con mujeres *strippers* destacó que aquellas que ovulaban recibían mayores propinas de sus espectadores masculinos que las que no.

SOMOS CONSECUENCIA DE NUESTRA BIOLOGÍA

En el mundo posmodernizado en el que vivimos, a menudo perdemos de vista nuestros orígenes. Olvidamos que no somos tan distintos de otros animales y que todo lo que hemos construido ha sido consecuencia de nuestros propios cuerpos. Hemos visto de qué forma aspectos como la reproducción tienen repercusiones económicas o éticas. Por mucho que queramos sentirnos diferentes al resto, somos animales. Gran parte de nuestros comportamientos y motivaciones son consecuencia de nuestro cuerpo, de nuestra naturaleza animal. Ahora bien, el ser humano no solo vive en un contexto biológico, también está sumergido en una dimensión cultural. Y la cultura ha sido una de las piezas clave en el desarrollo y éxito humano.

LOS GRUPOS FAMILIARES

Actualmente es difícil imaginar un mundo en el que los seres humanos no nos unamos formando tribus o pequeños grupos familiares. Es más, los hay prácticamente de todos los tipos, desde la clásica familia occidental con dos progenitores de sexo opuesto y sus hijos, hasta grandes tribus donde todos forman una gran familia. ¿Pero a qué se deben estos tipos de organización?

Nuestros parientes primates también forman grupos, pero son mucho más individualistas que nosotros. No suelen preocuparse por aquellos congéneres con los que no tengan un parentesco directo y viven en grupos mucho más laxos. En consecuencia, a las crías las cuidan sus progenitores y el resto se desentiende.

Entre los humanos la situación es muy distinta. Todo el grupo se preocupa de criar y proteger a los más pequeños, aunque no sean descendientes directos. Hemos desarrollado una estrategia social por la cual nos hemos convertido en criadores cooperativos. Esta estrategia nos sirvió de gran ayuda a la hora de resistir el ecosistema cambiante de la sabana. El riesgo de que las crías no salieran adelante como consecuencia de la muerte de la madre se reducía porque los otros miembros del grupo estaban dispuestos a cuidarlas. De esta forma, la atención es mayor y el proceso de crecimiento, más sólido. Incluso ahora observamos las implicaciones de esta estrategia cuando dejamos a nuestros hijos con los abuelos o adoptamos a niños huérfanos.

CUIDAR A LOS ENFERMOS Y VIEJOS

La medicina moderna ha surgido de la necesidad de aumentar nuestra capacidad de sobrevivir y mejorar nuestra calidad de vida. Ya en la Antigüedad se escribieron tratados médicos y personalidades notables, como Hipócrates en la Grecia clásica, sentaron las bases para el ejercicio de la profesión médica. Pero cuidar y asistir a los enfermos y débiles es un acto propio de la naturaleza humana. Cuanto más echamos la vista atrás, más evidencias encontramos de que los cuidados y auxilios a los más débiles son una seña de identidad del género humano.

Ya desde los tiempos en que se habitaba la cueva de Dmanisi nos hemos encontrado con individuos sin dientes que consiguieron sobrevivir a pesar de las dificultades que les suponía alimentarse. Esqueletos neandertales con artrosis severas y otras patologías también demuestran que llegaron a edades avanzadas a pesar de sus heridas o trastornos. De hecho, en la Sima de los Huesos se encontró la pelvis de un anciano que presentaba dificultades para desplazarse. Elvis, así se le llamó a su dueño, habría necesitado la ayuda del grupo para vivir. Estaba encorvado y su deterioro apuntaba a que su vida se había extendido durante un largo periodo de tiempo. No podía correr ni cargar ningún objeto. Desde luego, tampoco podía participar en la caza, pero ahí estaba. Es probable que hubiera conseguido vivir tanto tiempo gracias al cuidado del resto del grupo.

La práctica de la caza era un riesgo para los primeros humanos, necesitaban asociarse para ser más fuertes. En la imagen, pinturas rupestres de las cuevas de Bhimbetka, escenas de caza del Paleolítico inferior en Madhya Pradesh, India.

Las pinturas rupestres de Phu Phra, en Tailandia, evidencian grupos humanos que se asociaban hace ya 60 000 años.

El grupo familiar neandertal que procura cuidado a los vulnerables (ancianos, niños y enfermos) tenía más posibilidades de supervivencia.

Una de las causas del declive del lince ibérico es la endogamia: pocos individuos y genéticamente similares.

El cuidado de los enfermos o ancianos no solo es un rasgo propio de una estructura social compleja; además, es una estrategia evolutiva ventajosa. Los homininos corremos constantemente el riesgo de quedar incapacitados. Al contrario que otros primates que se desplazan a cuatro patas, nosotros solo tenemos dos. Si una de ellas falla, no tenemos otras tres que la compensen. En ese sentido, somos mucho más vulnerables a las lesiones. Además, la caza de animales grandes, los grandes desplazamientos y los entornos hostiles suponen un peligro mayor y la mortalidad de los individuos aumenta. Por eso, la atención médica o los cuidados son tan importantes. Mejora las probabilidades de supervivencia y da una oportunidad a los heridos y enfermos.

EVITANDO LA ENDOGAMIA

La endogamia es un fenómeno que la mayoría de seres vivos intentan evitar a toda costa. La evolución se basa en la diversidad genética. La autofecundación o reproducción con parientes cercanos atenta contra esa diversidad. No solo eso, sino que puede tener consecuencias desastrosas para los descendientes. Muchas enfermedades o trastornos se originan por la coincidencia de los mismos alelos en un individuo. Obviamente, es más probable que esto suceda cuando los padres son genéticamente similares. De hecho, esta es una de las causas por las que el lince ibérico está en peligro de extinción.

¿Evitaban los primeros humanos la endogamia o establecían redes matrimoniales endogámicas como muchos monarcas europeos? La respuesta se ha encontrado en el análisis genético de un enterramiento de tres individuos en Sunghir, Rusia, datado en 34 000 a. e. c. El estudio reveló que ninguno de ellos estaba cercanamente emparentado entre sí y que su ADN no parecía presentar signos de endogamia. Estos humanos vivían en grupos pequeños, pero estaban asociados con otros formando una comunidad de cientos de personas. Gracias a este sistema, era común que se encontrasen y procrearan con individuos de distintas familias. Es el mismo método utilizado por sociedades de cazadores-recolectores contemporáneas, como los nativos americanos o los aborígenes australianos. Estas complejas redes entre distintos grupos permiten un intercambio genético continuado evitando la endogamia. Así, la humanidad se aseguró un brillante futuro evolutivo.

LA INFANCIA: UN PERIODO DETERMINANTE

Los humanos somos de los animales que más tardamos en alcanzar la madurez. Al contrario que otros primates, nuestro crecimiento se ve ralentizado en una etapa concreta. Esta prolongada fase de crecimiento junto con la baja fertilidad humana –habitualmente, solo tenemos un hijo por embarazo y no tantas crías como otros animales– hace que nos planteemos cómo hemos llegado hasta aquí.

Sin duda, la infancia tiene relación con los procesos evolutivos que han configurado nuestros cuerpos. ¿Pero esta especie de «complejo de Peter Pan» es una consecuencia o es la base de nuestra evolución?

¿SON LOS BEBÉS VULNERABLES POR LA EVOLUCIÓN?

Los embarazos humanos son complicados, sobre todo a la hora de dar a luz. El parto humano requiere de la asistencia de otro individuo. Parte de su dificultad radica en el recorrido vaginal del feto, hay que seguir un canal curvado, y el gran tamaño del bebé. De hecho, los fetos humanos son considerablemente mayores a lo que le correspondería a un primate del mismo tamaño.

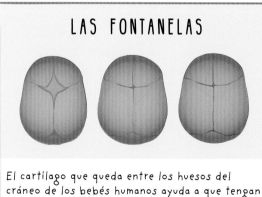

LAS FONTANELAS

El cartílago que queda entre los huesos del cráneo de los bebés humanos ayuda a que tengan una mayor flexibilidad y pasen con mayor facilidad por el canal del parto. Posteriormente, en el crecimiento del niño el cartílago se osifica y los huesos se sueldan.

En estas condiciones surgió el conocido como «dilema obstétrico», que intenta explicar el dolor y la dificultad del parto humano como una consecuencia de la postura bípeda y el aumento del tamaño craneal. ¿Qué solución podría haber dado la naturaleza ante este problema? Salir antes de tiempo. Parir fetos menos desarrollados y más pequeños facilitaría el alumbramiento, con la consecuencia de que serían mucho más dependientes de los adultos. Sin embargo, esta hipótesis no es del todo correcta. Los bebés humanos nacen completamente desarrollados. De hecho, abren los ojos y tienen los oídos destapados antes que otros primates. En realidad, todo está relacionado con el metabolismo.

Nuestros hijos nacen cargados de grasa y con un cerebro enorme, tejidos que requieren de un gran consumo energético. La madre ha pasado por una gestación larga y llega a un punto que no puede ofrecerle más energía al feto. Es en ese momento cuando sucede el parto. Por eso, el cerebro de los bebés al nacer no está totalmente formado. Su crecimiento se trunca por este dilema energético. Es fuera del cuerpo de la madre donde continua su desarrollo hasta la madurez. Pero el tamaño y el cerebro del ser humano poco tienen que ver con la cadera de la mujer. Además, será ese desarrollo prolongado en el mundo exterior lo que enriquecerá a fuerza de estímulos el cerebro del bebé ayudándole a adaptarse a la compleja vida social humana.

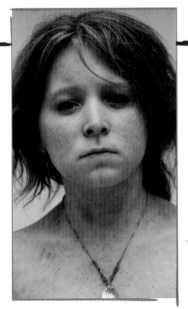

El Museo de paleontología e Historia Natural de Trento, presenta así la apariencia de un niño paleolítico.

El Homo sapiens suele tener embarazos de solo una o dos crías, cuya infancia se alarga mucho más que la de otras especies.

Reconstrucción idealizada de un pequeño Neanderthal.

INFANCIAS LARGAS

El cerebro humano requiere de una gran cantidad de energía para crecer y desarrollarse, además de tiempo. Durante la infancia, los niños dependen por completo de los adultos para alimentarse y aprender. Este periodo es importante, ya que los niños emprenden su desarrollo cultural, durante el cual asimilarán todas las normas sociales y de supervivencia que les permitirán vivir con los demás al madurar. La infancia humana es, en esencia, un proceso prolongado de aprendizaje.

Mientras otros animales pasan del destete a la madurez, los humanos tenemos un tiempo extra entre ambas fases. En ese intervalo, nuestros cerebros crecen rápidamente consumiendo gran cantidad de energía. Quizás, este largo periodo de crecimiento supuso una estrategia evolutiva. Cuidar durante años a las mismas crías permite controlar mejor su alimentación. En zonas con pocos recursos, es preferible dar de comer poco a poco y crecer lento pero seguro que darse un atracón y «pegar el estirón».

Pero durante la infancia tiene lugar un proceso aún más importante: la reorganización completa del cerebro. El cerebro no solo crece en tamaño sino también en complejidad. Se establecen numerosas conexiones neuronales y empiezan a producirse sesgos en el desarrollo de diversas áreas cerebrales. Más de una vez hemos escuchado que el cerebro es como un músculo y que hay que ejercitarlo como tal. Se nutre de la estimulación del entorno y se amolda a él en consecuencia. Por ejemplo, si nos cortan un dedo la región cerebral encargada de las sensaciones de ese dedo empieza a empequeñecerse. Mientras, las áreas de los otros dedos adyacentes crecerán ocupando su lugar. Así, los dedos que quedan han ganado mayor sensibilidad supliendo al dedo que falta. Es el mismo proceso por el que los ciegos potencian sus otros sentidos al perder la visión. Esta plasticidad repercute en el desarrollo del cerebro durante la infancia y determinar el rumbo del cerebro adulto.

Además, ese tiempo extra lo emplean los niños en jugar y aprender. El juego ayuda en el aprendizaje cultural y el desarrollo cognitivo. Curiosamente, la infancia sapiens parece ser más larga que la neandertal. Nuestra especie continua con el juego incluso en la madurez, aunque adquiere un nivel más fantasioso y abstracto. Mientras los niños juegan al pilla-pilla, los adultos matamos el tiempo con juegos de mesa o leyendo historias. El cerebro neandertal, sin embargo, tenía una forma distinta a la nuestra, lo que sugiere que seguía un proceso de desarrollo cerebral diferente. Quizá sea un indicio de que los individuos de esta especie se comportaban de forma distinta y diferían de los humanos modernos en sus capacidades cognitivas. Puede que las infancias más cortas de los neandertales limitaran su capacidad simbólica. Quizá esto explique una forma completamente distinta de simbolismo, como muestran los yacimientos arqueológicos.

LA VITAL COMUNICACIÓN: EL LENGUAJE

Los humanos recurrimos a una serie de órganos y procesos neurológicos con la finalidad de expresar palabras habladas o escritas. Sin embargo, la complejidad del lenguaje no se basa meramente en emitir sonidos, sino también en interpretar el significado de un amplísimo abanico de símbolos

La capacidad del habla no está en nuestra laringe, provista de cuerdas vocales, sino en nuestro cerebro. Tanto el lenguaje hablado como el escrito se procesan en el hemisferio izquierdo de nuestro cerebro, fundamentalmente en dos áreas, el área de Broca y el área de Wernicke. La primera contiene el recuerdo de los movimientos necesarios para que la boca, la laringe, los labios, las manos, etc., formulen una palabra o gesto. La segunda es un diccionario, contiene los significados de esos símbolos que hemos creado. Mediante la conexión entre ambas, se genera un patrón que se envía a la corteza motora, el área encargada de ejecutar los

movimientos indicados. Este complejo proceso es el que nos permite comunicarnos entre nosotros.

EL ORIGEN DEL LENGUAJE HUMANO

La importancia del lenguaje radica en que es un instrumento muy valioso de transmisión de información. Los humanos hemos conseguido expandirnos por todos los ecosistemas de la Tierra gracias a nuestra capacidad de adaptación. Tenemos una cultura moldeable que permite la actualización y el intercambio constante de información. El lenguaje, al igual que otros muchos elementos culturales, también ha evolucionado en consecuencia, compartiendo datos complejos que no podrían traspasarse de otra forma.

Otros animales presentan un lenguaje, pero todos son mucho más sencillos que el humano. Se componen de una serie de sonidos que hacen referencia a acciones sencillas, como dar la voz de alarma ante la presencia de un depredador o pedir comida. Los humanos hemos llevado todo eso más allá: desdoblamos el tiempo en pasado, presente y futuro, y somos capaces de referenciar conceptos complejos y abstractos.

¿Pero qué fue primero, hablar o gesticular? En el caso de los chimpancés vemos que su lenguaje verbal es mucho más sencillo que el nuestro. Sin embargo, a la hora de producir estos sonidos se activa en su cerebro el área cerebral que se corresponde a nuestra área de Broca. Ambos utilizamos las mismas zonas cerebrales, por lo que nuestro antecesor común ya empleaba un lenguaje verbal y no verbal. Con los niños pasa igual.

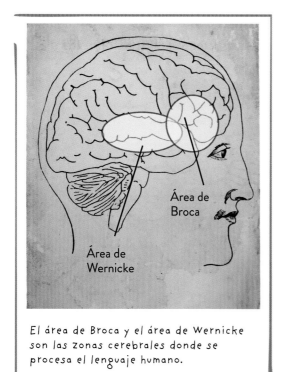

Área de Broca

Área de Wernicke

El área de Broca y el área de Wernicke son las zonas cerebrales donde se procesa el lenguaje humano.

Cráneo de una cría de aspecto parecido a un gibón, denominado Alesi, que es el cráneo de simio extinto más completo conocido.

Es difícil concretar qué lenguaje tenían los neandertales, pero es un hecho que poseían la base genética suficiente y un desarrollo tecnológico que hace presuponer un lenguaje complejo.

Cuando están aprendiendo a hablar acompañan sonidos de gestos con tal de comunicarse con los adultos. Finalmente, comienzan a generar frases y a gesticular de forma cada vez más refinada. Al parecer, ambas formas surgieron a la vez, ninguno precedió al otro, sino que ambos se complementan.

EL LENGUAJE NEANDERTAL

Los análisis genéticos han identificado en los neandertales el gen FOXP2, un gen que también se encuentra en nuestra especie. Mutaciones o cambios en este gen provocan problemas en el habla y el lenguaje. Por ello, que ambas especies cuenten con este mismo gen nos puede llevar a pensar que tenían capacidades lingüísticas similares. Sin embargo, poseer dicho gen no confirma de forma inmediata que los neandertales presentasen una capacidad lingüística similar a la nuestra. No todos los genes se expresan igual en el individuo. Podemos tener parientes con cáncer y tener en nuestro ADN genes que induzcan procesos cancerígenos, y pasar toda nuestra vida sin ningún problema oncológico. Por eso, no podemos afirmar rotundamente que por la presencia de un gen los neandertales tengan un lenguaje como el nuestro. Es más, muchos de nuestros genes relacionados con el habla proceden de antepasados lejanos como el antecesor común que compartimos con otros homínidos, por ejemplo, los gorilas. Pero sabemos que los gorilas no hablan

ni leen como nosotros. Lo que sí podemos inferir es que los neandertales tenían una base genética, anatómica y cognitiva apropiada para poder desarrollar un lenguaje. El cómo era es un asunto mucho más complejo de concretar.

Los yacimientos arqueológicos neandertales, donde se encuentran huesos de animales, plumas y otros elementos ceremoniales junto con pigmentos y pinturas rupestres corroboran que era una especie con cultura y un fuerte simbolismo. Había una base lingüística simbólica. Además, compartiendo tantas características con nosotros, teniendo sistemas vocales, nerviosos, oídos y músculos tan parecidos, es altamente probable que tuviesen un lenguaje complejo. De otro modo, es difícil de explicar cómo consiguieron un desarrollo tecnológico tan avanzado y su gran expansión por Eurasia sin poder comunicarse verbalmente o transmitir información de forma eficiente. Actualmente existen 7 000 lenguas humanas, cada una con sus múltiples dialectos, cada una cambiando constantemente. Si a eso añadimos que nuestros ancestros convivían en pequeños grupos familiares unos separados de otros, la cantidad de variaciones lingüísticas entre ellos sería enorme. Aunque es muy difícil saber cómo hablaban, es casi seguro que tenían la capacidad de hacerlo, contando además con una rica cultura que se nutría de historias o habladurías que han quedado olvidadas.

LOS RITOS FUNERARIOS

Para nosotros, los humanos, es esencial sentirnos dentro de un grupo, formar parte de una gran unidad. Este sentimiento se crea en gran medida gracias a la cultura. La cultura establece valores y actividades unidas a esa moralidad que nos hacen sentirnos parte de algo que nos trasciende.

Estos valores pueden abarcar desde algo tan espiritual como las diversas creencias sobre el más allá hasta aspectos más terrenales como la confianza o la justicia. Estos valores configuran nuestras sociedades y, aún más importante, hacen que los humanos cooperemos entre nosotros al compartirlos. Las primeras religiones y creencias surgieron probablemente así, como un código cultural bajo el que los grupos humanos fortalecían su unión y cooperación. Es decir, los ritos dan al grupo una identidad y a sus individuos la capacidad de reivindicar que pertenecen a él. Es como un patio de colegio donde los niños se agrupan por las actividades que les gusta hacer: están los que juegan al fútbol, los que saltan a la comba, los que intercambian cromos, etc. No es de extrañar que prácticamente toda la humanidad se agrupe en torno a un imaginario y una serie de valores.

Dentro de este marco, y unido al rico lenguaje simbólico que estaba naciendo en nuestra especie, comenzaron a formarse diversos ritos relacionados con momentos importantes en la vida del grupo o de los individuos y, en especial, hacia el aspecto clave de la vida en la Tierra: la muerte.

Los primeros enterramientos humanos tienen entre 130 000 y 100 000 años de antigüedad y se localizan en la cueva de Skhul (Israel). Se trata de tumbas donde los cuerpos se depositaban en un hoyo tapado con tierra y, en ocasiones, con rocas. Dentro de esos hoyos, se rodeaba a los cuerpos con diversos objetos, como partes de animales o adornos. El propio enterramiento puede entenderse como una forma de evitar que el cuerpo fuese devorado por los carroñeros, pero encontrar una motivación práctica a la presencia de los bienes dispuestos en torno a los cadáveres es más complicado. Todo apunta a que estas fueron las primeras manifestaciones de rituales humanos relacionados con la muerte. La prueba de que nuestras mentes comenzaron a proyectarse fuera del mundo terrenal, hacia el más allá, y a apreciar la diferencia entre la vida y la muerte. Ese es el origen de un ritual universal y tan diverso como la condición humana, centrado en la única certeza vital que tiene el ser humano: su muerte.

ENTERRAMIENTOS NEANDERTALES

Durante años se había hipotetizado que los neandertales eran capaces de tener una cultura lo suficientemente

Alineamiento de menhires de Carnac, en la Bretaña francesa. Se trata de monumentos megalíticos a modo de necrópolis prehistóricas.

Recreación de una tumba prehistórica en la que se entierra intencionadamente excavando un hoyo y se deja el cuerpo con los utensilios que usó.

Dolmen de Poulnabrone en el condado de Clare, en Irlanda, del Neolítico, periodo en el que los rituales funerarios se volvieron mucho más complejos.

desarrollada como para compartir aspectos importantes con la nuestra. Dada la universalidad de los ritos funerarios y los enterramientos en nuestra especie, no era de extrañar que nos planteásemos que los neandertales también los realizaran. Sin embargo, los expertos fueron muy cautos con estas afirmaciones. Sugerir que los neandertales enterraban a sus muertos implicaba que poseían un pensamiento simbólico tan desarrollado como el nuestro. Una de las mayores señas de identidad de nuestra especie podía ponerse en duda con la confirmación de que los neandertales celebraban ritos funerarios.

Finalmente, esta presunción de superioridad, como en tantas otras ocasiones, comenzó a tambalearse con los nuevos descubrimientos. Los esqueletos neandertales aparecían en muchos yacimientos con una conservación excepcional. Esqueletos tan conocidos como los encontrados en La Chapelle-aux-Saints presentan indicios de un enterramiento rápido, favoreciendo su preservación en el tiempo. Así, encontramos esqueletos articulados, con los huesos en el mismo sitio donde se encontraban cuando el individuo murió. Es prácticamente una cápsula en el tiempo. Además, estos restos se hallaban en un hoyo. Ya fuera de origen natural o artificial, todo indicaba que aquellos cuerpos neandertales habían sido colocados en esos agujeros y posteriormente tapados con tierra. Era un enterramiento intencional.

Otra de las evidencias más destacables es el famoso «enterramiento de las flores» en Shanidar (Iraq), donde se halló a un individuo enterrado entre restos de polen de plantas con propiedades medicinales. Descubrimientos posteriores de cuerpos enterrados en el mismo yacimiento reforzaron la idea de que los neandertales preparaban tumbas para sus muertos. Una vez más, los neandertales han mostrado ser similares a nosotros, hasta afrontando la muerte.

LA DIVERSIDAD DE LAS TUMBAS

Las primeras tumbas humanas y neandertales eran extremadamente sencillas. Consistían en un hoyo donde se disponía el cadáver y los objetos que le acompañarían en el último viaje. Por último, se cubría de tierra y, en ocasiones, se colocaban rocas encima. Los investigadores han buscado sin éxito pautas que permitan seguir la evolución cultural de este comportamiento durante el periplo humano. No hay dos tumbas iguales. Cada tumba es consecuencia de las condiciones climáticas y geológicas de la zona en que se encuentre, además del estatus social. Por ello, cada yacimiento mortuorio debe analizarse atendiendo a factores locales, en el contexto de su propia población. Las tumbas no siguen la misma progresión lineal que las herramientas líticas, son algo mucho más individualista y variable. De hecho, los pocos ejemplos de los que tenemos constancia suelen ser muy modestos, con excepciones, como las tumbas de Sunghir, donde los cuerpos iban ataviados con ropas y numerosos adornos. Verdaderamente, tienen poco que ver con las pirámides de los faraones que se construirán en el futuro.

Niño acta filipino.

LA VIDA DEL NÓMADA

Actualmente, existen gran cantidad de sociedades que aún viven como lo hacían nuestros antepasados hace miles de años. Su existencia se basa en la obtención de alimento a través de la caza y la recolección, y en el movimiento continuo en busca de recursos. Algunos se establecen en ciertas regiones y van cambiando de ubicación cada cierto tiempo; otros se mueven constantemente. Incluso los hay que complementan su dieta con el producto de una limitada horticultura.

Existen multitud de variables en este sistema. De una forma u otra, todos estos grupos humanos cuentan con una diversidad enorme. Cada uno es único y consecuencia del entorno en el que vive. Solo analizándolos en su conjunto podemos comprender cómo se comportaba el ser humano en el Paleolítico.

Estas sociedades suelen organizarse en torno a distintos núcleos familiares en los que tanto hombres como mujeres se desplazan entre grupos vecinos. De este modo, tiene lugar un intercambio genético entre poblaciones, pero también cultural. Por ejemplo, estudios hechos con los cazadores-recolectores aeta de las montañas de Filipinas muestran que en su totalidad conocen 32 tipos distintos de plantas medicinales. Sin embargo, no hay ningún individuo que las conozca todas. Cada grupo utiliza una fracción que conoce en profundidad; solo la suma de todos los conocimientos permite que se conozcan tantas variedades. Es así como se originan diversas ramas culturales entre distintas poblaciones que comparten información entre ellas.

Las relaciones sociales también son importantes en estos grupos humanos y es curioso que la forma de entablar amistad entre ellos es idéntica a la nuestra. Los hadzas de Tanzania presentan preferencias por personas con los mismos gustos e intereses que ellos; también tienen importancia su cercanía geográfica y la reciprocidad de su relación. La amistad es única porque no tiene motivación reproductiva y se da de igual forma entre hombres y mujeres. Todo esto favorece que las personas más colaborativas se asocien entre sí creando un grupo fuerte y unido.

¿ES SU VIDA TAN DURA COMO CREEMOS?

A menudo consideramos la longevidad actual del ser humano una consecuencia del modo de vida acomodado que nos ha proporcionado el mundo moderno, pero la realidad es mucho más compleja. Los años que vivimos dependen en gran parte de muchos factores, sean genéticos o estén relacionados con nuestro entorno o trayectoria vital.

Es obvio que los cazadores y recolectores, tanto los actuales como nuestros ancestros, registran mortalidades más altas, pero las causas varían. En África la principal causa de muerte de estas personas suele ser la enfermedad, pero entre los jiwi de Venezuela es el homicidio. La llegada del colonialismo y el contacto de estas tribus con grupos europeos o modernos provocaron en gran medida esa violencia. Sin embargo, estos enfrentamientos no impiden a los jiwi llegar a edades avanzadas, como es el caso de algunas mujeres que pasan con creces la menopausia, llegando hasta los 70 años. Si vivimos tantos años es en parte gracias a los cuidados que ofrecemos a los ancianos y heridos, tan únicos de nuestra especie. No debemos olvidar que somos animales y la cultura de estas personas está en parte influida por el entorno en el que viven. Incluso hay tribus pertenecientes a los climas más duros y fríos que recurren al infanticidio y recorren distancias enormes con el fin de mejorar su supervivencia.

Árbol de *Cryptocarya*, cuyos restos fueron hallados como lecho de la cuenca de Sibudu, utilizados como repelente de insectos por los primeros *Homo*.

Grupo de cazadores hadza de Tanzania en un momento de descanso.

Recreación de un refugio prehistórico con forma de domo y materiales como pieles y huesos, ramas. etc.

De hecho, los cazadores recolectores son mucho más versátiles de lo que podemos pensar en un principio. Pasan menos hambre que aquellos que optan por sistemas de agricultura poco intensiva. Aunque la agricultura asegura un suministro de comida continuado, no permite la flexibilidad que puede tener un nómada. Un agricultor es completamente dependiente del clima y de lo que ofrezca su parcela de terreno. Carece de la adaptabilidad de los nómadas que buscan terrenos prósperos donde encontrar sustento. Si muchas de estas tribus pasan hambre es en gran medida consecuencia de que los terrenos más fructíferos suelen estar ya ocupados, normalmente por una agricultura o una ganadería intensiva modernas.

DE ACAMPADA

Teniendo en cuenta que los grupos humanos son altamente variables, existen pautas que podemos aplicar para entender los yacimientos encontrados. Comparando con las tribus actuales podemos llegar a conclusiones de cómo eran los primeros campamentos. Por ejemplo, los primeros asentamientos temporales de los nómadas se establecían en partes altas con una buena visibilidad del entorno. Con el paso del tiempo, según nos acercamos al final del Paleolítico, pasarían a ubicarse en zonas poco elevadas, cercanas a los ríos. Además, estos campamentos eran estacionales, coincidiendo con las épocas de cacería.

Asimismo, todos aquellos pueblos nómadas que requieren de una alta movilidad construyen tiendas en forma de domo. El domo es una estructura que se sostiene por sí sola sin ninguna otra apoyatura adicional interna. Requiere tan solo de una estructura básica conformada por ramas y una cubierta con un material aislante, como restos de plantas o pieles. Incluso en campamentos de mayor duración, con tiendas que presentan otras configuraciones, se conservan los domos como estructuras temporales. En el interior probablemente cubrían el suelo con distintas plantas como hierbas del río o de algún pasto cercano. Esto no solo les daba una superficie donde dormir, también era un área de trabajo más cómoda. Sabemos esto por los restos apelmazados de hojas y plantas en los lechos de las cuevas, mezclados con otros restos como huesos de animales o materiales líticos. De hecho, en la cueva de Sibudu, en África, puede verse cómo ese lecho de plantas había sido impregnado con hojas de *Cryptocarya* (un género de árboles de la familia de las lauráceas), sirviendo posiblemente de repelente de insectos.

EL MISTERIO DE LA DESAPARICIÓN DE LOS NEANDERTALES

Hace 40 000 años, los neandertales desaparecieron del registro fósil y arqueológico. Se detecta un parón en toda su actividad, evidenciando la extinción de toda su estirpe. Se han formulado multitud de hipótesis para explicar su desaparición y por qué una especie tan parecida a nosotros pereció mientras nosotros aún seguimos aquí.

GENÉTICA Y CLIMA

Hacia el final de la existencia neandertal, el clima global volvió a cambiar en su ya conocido ciclo de glaciaciones y periodos interglaciares. Sin embargo, el cambio climático por sí solo no puede explicar la desaparición de los neandertales. Su especie perduró en los ecosistemas duros y fríos durante mucho más tiempo que ningún otro homínino o primate. Además, su amplia distribución y capacidad de desplazamiento les permitía buscar mejores zonas donde asentarse. Preferían hábitats cercanos a la cuenca del Mediterráneo, aunque también se extendían por territorios más septentrionales. No obstante, poco antes de la llegada de los primeros *Homo sapiens* a aquellas tierras, ya vieron reducida su presencia en los territorios del norte, recluyéndose en el sur. Poco a poco, sus poblaciones comenzaron a aislarse unas de otras, distribuyéndose en territorios que les eran más favorables. Sin embargo, las poblaciones constaban de pocos individuos y su variedad genética comenzó a decaer. Las poblaciones de cromañones también sufrieron estos cambios, pero se mantuvieron mejor conectadas entre sí, lo que permitió sostener la reproducción entre ellas. Esta conexión pudo ser clave para nuestra especie, al salvarnos de una de las principales causas del declive neandertal: la endogamia.

Al final de su existencia empezaron a presentar claros indicios de endogamia. Muchos individuos de la cueva de El Sidrón, en Asturias, presentan anomalías congénitas, y el genoma del neandertal de Altai (Rusia) indica que sus padres eran

Esqueleto del *Homo neanderthalensis* en el Museo Field de Chicago. No hay consenso sobre las causas de su extinción, pero es seguro que aún perviven entre nosotros en nuestro ADN

prácticamente hermanastros. La consanguinidad provoca una reducción de la variabilidad genética del grupo. Una baja diversidad supone la muerte evolutiva de una especie ya que el ADN es tan similar entre sí que no da pie al cambio. Además, aumenta el riesgo de padecer enfermedades, lo que origina una drástica reducción en la supervivencia de los descendientes. Incluso puede afectar a la capacidad reproductiva. Este patrón se repite en especies amenazadas o en peligro de extinción: su hábitat se reduce o se fragmenta, quedando poblaciones pequeñas aisladas que no tienen más remedio que reproducirse entre sí. De esta manera, las probabilidades de cruce con un individuo emparentado aumentan, provocando la endogamia.

Sin embargo, estos problemas los compensaban los neandertales medicándose y mediante ciertos comportamientos colaborativos, como el cuidado colectivo o evitando determinadas zonas propensas a enfermedades. No olvidemos que los neandertales eran una especie muy adaptable y resiliente. Pero este contexto genético los hacía vulnerables a los cambios. El clima cambiante al que estaban habituados se hacía cada vez más difícil de sobrellevar por la reducción de sus hábitats óptimos y la incomunicación entre ellos. Para cuando llegó *Homo sapiens* estaban ya en una situación delicada.

NUESTRO PAPEL EN SU EXTINCIÓN
El declive de los neandertales coincide con la llegada de nuestra especie a sus territorios. No es de extrañar que en más de una ocasión nos creamos culpables de su desaparición. No sería la primera especie que extinguimos a otra.

Los humanos llegaron cuando los neandertales ya se habían aislado en grupos reducidos. A pesar de su parecido con nosotros en tantos aspectos, su especie afrontaba un mayor riesgo de extinción. Nuestra llegada supuso una presión adicional que se sumó a todos los factores anteriores. Rara vez las especies se extinguen por influencia de otras, sino que la competencia suele ser la gota que colma el vaso de una situación desfavorable para su supervivencia.

Cráneo de *Homo neanderthalensis*. La Ferrassie, de hace 50 000 años. Descubierto en 1909 en La Ferrassie, Francia.

Recreación de un hombre de Neandertal.

Nuestros ancestros pudieron ser más eficientes obteniendo recursos, más rápidos recorriendo distancias y ocupando grandes territorios. En una palabra, eran más eficaces. Nuestra naturaleza era más generalista, ocupábamos grandes áreas y nos reproducíamos a tasas mayores que los especialistas neandertales. Se estableció una competencia por los recursos que terminó desplazando a los neandertales en favor de los sapiens. Incluso es posible que nuestras herramientas fuesen ligeramente superiores tecnológicamente. A esto hay que añadir la resistencia a las enfermedades que nosotros mismos traíamos de África. Todo esto contribuyó a su extinción.

Sin embargo, la genética ha revelado que en nuestro ADN tenemos genes de origen neandertal. Nuestros ancestros hibridaron con esta especie hace miles de años y aún hoy conservamos ese legado genético. En cierto sentido, los neandertales no han muerto del todo. Siguen aún vivos en nosotros y forman parte de nuestro legado genético. De hecho, algunas hipótesis señalaban que el origen de la extinción neandertal se debió a que absorbimos su genoma en el nuestro, provocando la fusión de dos especies en una. Es más, la endogamia neandertal podría ser la explicación de nuestros genes neandertales asociados a ciertas patologías. Pero estos no fueron tantos como para que se diera esta situación.

EL VIAJE DEL CROMAÑÓN

Desde nuestros orígenes hemos sido una especie nómada que se desplazaba en busca de mejores condiciones y recursos. El clima es un factor muy importante a la hora de estudiar las migraciones humanas. No solo ofrece la posibilidad de nuevos territorios con nuevos recursos y condiciones más favorables, sino que también empuja a las especies a salir de su zona de confort y buscar mejores hábitats.

UN TOUR POR ASIA Y EUROPA

Hace aproximadamente 200 000 años, el clima de África volvió a cambiar haciéndose cada vez más seco. Los humanos comenzaron a migrar hacia el norte del continente abriéndose paso a través de un Sáhara mucho más húmedo y con más vegetación: era el llamado «Sáhara verde».

A medida que el clima incrementaba su aridez, los grupos humanos se vieron empujados hacia otros territorios a través del actual Israel, colonizando Europa y Asia a partir del Próximo Oriente. Fue en ese momento cuando estos viajeros se encontraron con los neandertales y denisovanos.

Tras la desaparición de todos sus primos homininos, *Homo sapiens* prosiguió en su camino, buscando nuevos territorios y recursos con los que abastecerse. Esto le llevó a colonizar prácticamente todos los continentes. Europa fue de las últimas paradas; llegaron antes de la extinción de los neandertales hace 45 000 años.

LLEGADA A OCEANÍA

Los primeros humanos llegaron a Australia en torno a 50 000 a. e. c., atravesando el archipiélago indonesio. En aquel momento, el nivel del mar bajó alrededor de 40 m, por lo que las islas contaban con una mayor superficie y se encontraban más cercanas unas de otras.

Dado que estas islas nunca han estado en contacto directo con el continente, estamos ante el primer viaje marítimo de la historia humana. Saltaban de isla en isla en función de la visibilidad y la distancia. Es decir, nunca se adentraban profundamente en el mar. Viajaban siempre a la isla más cercana que pudiera verse desde la costa, siempre con el designio de explotar los nuevos recursos de aquellos territorios.

De esta forma, atravesaron la vertiente norte del archipiélago hasta llegar a Australia. Sin duda, desarrollaron una cultura integrada en los ecosistemas costeros que solían visitar.

Hubo una época en la que la zona del Sáhara fue más húmeda y propicia, pero cuando comenzó a secarse, los humanos se aventuraron hacia Europa y Asia huyendo de la aridez creciente de África en busca de entornos más habitables. Cuando el Sáhara acabó por secarse del todo hace 5000 años provocó una enorme migración, una huida masiva del norte de África.

Las flechas indican el movimiento de las migraciones humanas.

EL NUEVO MUNDO

Los humanos llegaron al norte de Asia solo cuando el hielo se retiró y las condiciones permitieron el asentamiento en aquellas regiones. Pero había una zona que a pesar de su latitud no se vio

cubierta por el hielo: Beringia. Beringia fue un territorio surgido de la bajada del nivel del mar. Constituía la unión, a través de un puente de tierra, de Alaska con el extremo este de Siberia superando el brazo de mar que hoy forma el estrecho de Bering. Este corredor de tierra había nacido como consecuencia de la bajada del nivel del mar ante el avance de los enormes glaciares formados en la última edad de hielo.

Los humanos ocuparon Siberia durante la glaciación, llegando al noreste asiático en 30 000 a. e. c. Entonces se asentaron en este territorio, dispersándose a partir de aquel puente que formaba la tierra de Beringia, por el continente americano. Una vez allí, las poblaciones humanas se diferenciaron genéticamente de sus vecinas asiáticas. Estas diferencias, genéticas y morfológicas, son las que hoy presentan los nativos americanos con respecto a sus parientes asiáticos.

Además, una ola de inmigrantes humanos llegó a Asia, alcanzando el sureste asiático hace aproximadamente 50 000 años. Los habitantes del sureste asiático y el Pacífico comparten un origen común gracias a estos pioneros.

Más adelante, los humanos comenzaron a adentrarse en el continente americano. La ruta más probable fue la línea de costa del Pacífico. De esta forma, alcanzaron Sudamérica: Chile presenta yacimientos, como Monte Verde, con una antigüedad de entre 18 000 y 15 000 años. Posteriores migraciones se extenderían hacia el norte, dando origen a culturas como la de Clovis en Nuevo México (Estados Unidos). Posteriores oleadas migratorias se adentraron en el continente.

AL IGUAL QUE EN EL RESTO DE LOS TERRITORIOS DEL PLANETA, LOS HUMANOS CONTINUARON SU MARCHA MOVIÉNDOSE ENTRE TERRITORIOS, VOLVIENDO INCLUSO A ÁFRICA O SALIENDO DE ASIA DE NUEVO HACIA AMÉRICA. TODO ESTO CONTRIBUIRÁ A LA GRAN VARIEDAD GENÉTICA HUMANA.

EL MEJOR AMIGO DEL HOMBRE

Lobo gris, ancestro del perro.

Mientras *Homo sapiens* se expandía por todo el mundo, más allá que ninguna otra especie de homínino o primate, se encontró en su periplo con otras plantas y criaturas. Entre ellas, hace aproximadamente 40 000-20 000 años, coincidió con un pariente cercano de los lobos grises. Se dio entonces un proceso único en la naturaleza, conocido como domesticación, del que surgió el compañero fiel y mejor amigo del *sapiens*: el perro.

LA DOMESTICACIÓN

La domesticación es un fenómeno por el cual unos organismos influyen en la reproducción de otros seleccionando una serie de rasgos que les son provechosos. Se genera así una dinámica entre esas dos especies por la cual el domesticador se beneficia de su relación con el domesticado y viceversa. El ejemplo perfecto es el perro. Los humanos hemos ejercido una fuerte selección artificial sobre estos animales. Durante generaciones, hemos cruzado unos perros con otros en busca de características deseables: temperamento, longitud de las patas, forma de la cabeza, tamaño del cuerpo, etc. En consecuencia, los perros son genética y morfológicamente distintos a su antecesor original, el lobo. Su conexión con nosotros es tan estrecha que la mayoría son incapaces de subsistir en la naturaleza a su suerte. ¿Podría un pomerania o un pug cazar y vivir en manadas organizadas? ¿Un perro ovejero? Son animales ligados al ser humano. Ellos nos ayudan con nuestros quehaceres como los perros de trabajo (huskies, pastores alemanes, labradores, sabuesos) o dándonos compañía (chihuahua, toy terrier, caniche). A cambio de su trabajo y compañía, o amistad, nosotros les ofrecemos alimento y refugio. De esta forma, se ha creado una relación muy estrecha entre nosotros. Es algo que compartimos con muy pocos animales.

EL ORIGEN DEL PERRO

Los perros no surgieron a partir de lobos domados. Domar un animal salvaje solo tiene repercusión en un solo individuo, y supone un cambio únicamente en su comportamiento. La domesticación, además de modificaciones comportamentales, acarrea cambios genéticos. En consecuencia, la naturaleza del animal también se modifica. Es por esta razón que no se recomienda tener animales no domesticados como mascotas, porque, por muy tranquilos que parezcan, siguen teniendo el mismo instinto montaraz que tendrían viviendo en la naturaleza.

Hace aproximadamente 40 000 años, en Europa, los lobos entraron en contacto con los humanos. Algunos de aquellos lobos tenían una modificación genética natural que les hacía ser mucho más sociables que sus compañeros. Esos lobos se acercaron a los campamentos humanos en busca de comida. Con el tiempo, esa relación se fue fortaleciendo hasta el punto de hacerse tan cercana que empezaron a convivir. Los perros ayudaban a los humanos a proteger sus campamentos y a cazar mientras nosotros les ofrecíamos comida y refugio. Así, se inició la selección artificial de la que surgió el perro. El proceso ha continuado hasta hoy día, y ha dado lugar a las más de 300 razas caninas que existen actualmente.

EVOLUCIONANDO A LA PAR

El vínculo humano-perro es tan cercano que la evolución ha hecho que coevolucionemos, que cambiemos juntos gracias a la relación que hemos establecido. Cuando un perro se

Pinturas rupestres de Tadrat Acacus, en Libia, donde se ve a un cazador acompañado de un perro.

Los huskies siberianos han servido al ser humano tirando de los trineos desde tiempos muy remotos.

Los perros en su proceso de domesticación han conservado rasgos juveniles. Uno de ellos es el ladrido, típico de las crías de lobo y no tanto de los adultos, que se comunican mediante aullidos.

comunica con nosotros, ambos secretamos oxitocina. La oxitocina es una hormona ligada a las interacciones sociales y a la formación de fuertes vínculos. En los humanos suele producirse durante el orgasmo, el amamantamiento o el parto. Los perros inducen en nosotros comportamientos propios de los cuidados parentales, tal y como lo harían nuestras propias crías.

No solo eso, sino que los perros poseen músculos faciales y gestos de los que los lobos carecen por completo. De hecho, estos gestos son similares a los humanos y les dan una expresividad parecida a la que tenemos nosotros en las cejas. Actualmente, se puede observar la selección artificial de este rasgo, pues la mayoría de los perros que presentan la «mirada de cachorrito» suelen ser los que más se adoptan.

Otro rasgo inherente de los perros es la neotenia que han sufrido a nivel evolutivo. A grandes rasgos, un perro se comporta como un cachorro de lobo.

Es una de las razones que explican que sean tan juguetones y sociables. Morfológicamente, no hay más que fijarse en los perros pequeños que presentan las proporciones propias de una cría: cabeza redondeada, cuerpo pequeño, ojos grandes. Además, pocos perros aúllan mientras que todos ellos ladran. En los lobos los únicos ejemplares que ladran son las crías. Incluso se ve la diferencia en su propia sociedad. Las manadas de lobos se encuentran mucho más organizadas que las jaurías de perros. Se puede decir que los lobos son como una familia bien estructurada mientras que los perros se parecen a una cuadrilla de adolescentes que salen a dar una vuelta.

Ambas especies hemos moldeado nuestra morfología, fisiología y psicología al servicio de la relación del uno con el otro, permitiendo así la comunicación entre dos especies muy distintas.

DE CAZADORES A GANADEROS

La domesticación no fue un proceso que se ciñera únicamente al perro, sino que ocurrió con muchas otras especies animales. Algunas de ellas siguieron un proceso distinto a las demás, ya que los humanos vieron en ellas una fuente de comida y otros recursos como la piel. Esta ruta de domesticación se denomina «el camino de la presa» y es el origen de todas las razas de animales domésticos que componen nuestra ganadería. De esta forma, las estrategias de caza se fueron modificando hasta dar lugar al cuidado y aprovechamiento de estos animales.

Caballo de la cueva de Lascaux, el caballo, como la oveja, fue uno de los primeros animales domésticos.

El ser humano es el único mamífero que bebe leche tras el destete, una modificación que surgió del sedentarismo.

EL ORIGEN DE LA GANADERÍA: EL GANADO

Las evidencias que se tienen del primer ganado doméstico nos llevan a la península de Anatolia (actual Turquía), hace aproximadamente 11 000 años. En el yacimiento de Aşıklı Höyük se encontraron estratos con un rico contenido vegetal en diversos cultivos. Entre aquellas plantas, se hallaban también huesos de animales muy variados. Es decir, estas poblaciones anatolias habían empezado a desarrollar la agricultura y obtenían proteína de la caza, manteniendo sus antiguas ocupaciones. Sin embargo, hace precisamente 11 000 años el contenido de los estratos cambia. Un animal se hace mayoritario entre todos esos huesos: la oveja. No solo eso, sino que dichos huesos presentaban rasgos que solo aparecen en animales domésticos. Incluso la proporción de edades y sexos cambia para ser la misma que podemos ver en una granja con pocos machos y muchas hembras. Esta fue una de las primeras aldeas en convivir estrechamente con las primeras ovejas domesticadas.

Esqueleto de oveja completo descubierto durante unas excavaciones arqueológicas.

Poco a poco, la humanidad fue pasando de la caza a la ganadería. Incluso podemos ver en el arte neolítico cómo las escenas de caza quedan desplazadas por otras más propias del pastoreo o la ganadería, como muestran los petroglifos de Shuwaymis, en Arabia Saudí. Cada cultura ha domesticado especies distintas y seleccionado distintos atributos. De este modo, las razas domesticadas se han originado en función de las características locales de cada territorio. En consecuencia, incluso en las condiciones más duras, los primeros granjeros se aseguraron de tener alimento. No es precisamente algo casual que exista un número enorme de razas distintas de ganado doméstico.

CONSECUENCIAS

La mayor accesibilidad del ganado favoreció que los humanos pudiésemos obtener comida con una mayor facilidad que cazando de forma nómada. La ganadería, junto con la agricultura, propiciaron que nos hiciésemos sedentarios, y pasáramos de tener una cultura de cazadores-recolectores a desarrollar una cultura nueva de pastores y agricultores. Así surgieron los primeros ganaderos y pastores. Ellos fueron quienes forjaron las futuras civilizaciones.

Reconstrucción de un poblado neolítico en la llanura de Salisbury, junto a Stonehenge. El sedentarismo trajo consigo la ganadería y la agricultura.

Entre el ganado del que nos alimentamos y nosotros se ha establecido una conexión muy estrecha. Al igual que con los perros, hemos visto nuestros cuerpos modificados por la domesticación. Un ejemplo de ello es el consumo de leche. Somos la única especie mamífera que sigue consumiendo leche mucho después de la lactancia. Sin embargo, no todas las culturas del planeta han presentado el mismo uso de la ganadería. De hecho, en el centro y norte de Europa es donde se ha desarrollado en mayor medida la ganadería lechera y es donde hay una menor concentración de intolerantes a la lactosa. Los propios cambios que hemos generado en el ganado durante su domesticación han pasado a nosotros.

No obstante, la ganadería no trajo consigo solo ventajas. Con ella, llegó un factor inesperado a la ecuación, las enfermedades. Los cazadores-recolectores mantenían solo contacto ocasional con otros animales, lo necesario para poder matarlos y alimentarse de ellos. Pero la ganadería lo cambió todo al agrupar una gran cantidad de animales viviendo cerca de las poblaciones humanas. Esta convivencia dio una oportunidad a los patógenos del ganado para «lanzarse» a por el ser humano. Fue así como aparecieron enfermedades como la brucelosis (común en las cabras) o la tuberculosis (propia del ganado vacuno). Esto sin duda supuso un problema para los primeros asentamientos que no solo lidiaban con el hambre provocado por las sequías o los terrenos poco productivos, sino también con la enfermedad.

Sea como fuere, la domesticación de estas especies ha permitido que se conviertan en los animales más abundantes del planeta, teniendo una población que le sería imposible alcanzar en la vida salvaje. La ganadería ha remodelado el paisaje, alterando territorios enteros por el pastoreo o la superficie necesaria para construir granjas.

LOS DOMADORES DE PLANTAS

La domesticación no es un proceso exclusivo del reino animal. Las plantas también lo han experimentado; de hecho, todos nuestros cultivos proceden de especies que hemos domesticado. Seleccionando los rasgos de interés, hemos modificado multitud de variedades vegetales. No hay más que comparar las plantas cultivadas con sus variantes silvestres. Por ejemplo, en las zanahorias silvestres no hay rastro del color naranja al que estamos acostumbrados y son mucho más pequeñas.

LOS CULTIVOS

Este proceso ha llevado a las plantas cultivadas al punto de necesitar la mano humana para germinar y crecer. De hecho, muchas tienen semillas grandes en comparación con sus variantes silvestres, que suelen complementar sus pequeñas semillas con la dispersión por reproducción asexual. Y es que, aunque vean reducida su capacidad reproductora, las plantas se han visto beneficiadas por esta relación. Los cultivos ocupan actualmente cientos de miles de hectáreas, arrebatando superficie a los entornos salvajes, y ocupando terrenos ricos en nutrientes y con toda el agua que necesitan. No hay duda de que la asociación con los humanos les trajo un gran éxito.

LOS ORÍGENES DE LA AGRICULTURA

La agricultura ha sido uno de los descubrimientos más importantes que ha hecho la humanidad. Fue un avance tecnológico capital, porque permitió que en un futuro surgieran pueblos, ciudades y la civilización tal y como la conocemos.

Los humanos consumíamos plantas silvestres desde nuestros orígenes. Sin embargo, en algún momento empezamos a cultivar las semillas de las plantas que comíamos. Las plantas silvestres se cultivaron conservando sus rasgos salvajes hasta que, poco a poco, la selección artificial fue haciendo su efecto. Es posible que este fenómeno surgiera por la influencia de los cambios climáticos entre el Pleistoceno y el Holoceno, ya que la agricultura no sería posible en un periodo glacial. Sin embargo, muy probablemente, influyó la propia cultura. La agricultura trajo aparejado un radical cambio social: las comunidades de cazadores y recolectores se asentaron con el fin de cultivar. Esto cambió su relación con la naturaleza y su entorno.

Los primeros cultivos se iniciaron aproximadamente hace 13 000 años; los testimonios más antiguos se encuentran en Oriente Próximo. Pero no podemos establecer un lugar de origen claro, pues diversos grupos humanos llegaron a la misma situación en distintos puntos de la Tierra, aunque cada uno de ellos utilizó plantas distintas. Mientras que en América usaron el maíz, los asiáticos recurrieron al arroz. En consecuencia, la domesticación de cada una de estas plantas fue distinta. No es lo mismo

Réplica de una de las primeras herramientas agrícolas. Imagen superior, hoz con punta de sílex neolítica para cultivar la tierra.

Las herramientas de piedra pulimentada, en vez de talladas, van parejas al desarrollo de la agricultura.

Con el sedentarismo del Neolítico, surgieron nuevas herramientas, como los molinos de mano de piedra para moler el grano y fabricar harina. A la derecha, recreación de uno de ellos del Museo de Jaén, España. En el centro, otro modelo del Museo de Arqueología de Madrid, España.

cultivar árboles frutales que cereales. Los rasgos que se seleccionaron, las técnicas de cultivo y las culturas surgidas de ellos fueron diferentes. De este modo, las variedades generadas se adaptaban al entorno en el que vivían nuestros ancestros, además de cumplir con ciertos gustos particulares como mejores sabores y aromas, una mayor facilidad de recolección, etc.

CONSECUENCIAS

La agricultura tuvo como consecuencia inmediata el sedentarismo. Los grupos humanos que se convirtieron en agricultores y granjeros se establecieron en una localización permanente. No tenían necesidad de migrar; producían todos los años una cosecha que les permitía obtener una gran cantidad de energía. Incluso el excedente podía almacenarse y reservarse para el futuro. Sin embargo, no todo fueron beneficios.

Ahora que nos habíamos asentado éramos incapaces de movernos. Nuestra dieta se empobreció, consistiendo esencialmente

en aquellos cultivos y los animales que se había empezado a domesticar. Hicieron acto de presencia, además, la enfermedad y la hambruna. El hacinamiento de personas y animales era el caldo de cultivo perfecto para la transmisión de patógenos. Además, cuando las condiciones climáticas empeoraban y el suelo se deterioraba, la producción de alimentos disminuía drásticamente provocando hambrunas. Es más, los conflictos entre vecinos se hicieron más intensos. Sin posibilidad de escapar y ante la escasez de recursos, no había forma de desplazarse a territorios más prósperos como se hacía antaño. Surgieron enfrentamientos entre los primeros poblados por el territorio y la comida. Incluso aumentó la endogamia.

Aun así, las sociedades agricultoras prosperaron y se expandieron más allá que las de los cazadores-recolectores. A pesar de las desventajas que planteaba la nueva situación, sus beneficios fueron suficientes para dar paso a las primeras civilizaciones. De cara al futuro, la agricultura intensiva supondrá un gran problema en la degradación ambiental y la diversidad del planeta.

LA CREACIÓN DEL HOGAR

Hemos llegado al Neolítico. La humanidad nómada que se asentaba de forma temporal en distintos territorios está experimentando un cambio. Aunque muchos grupos humanos seguirán siendo sociedades de cazadores y recolectores, otros grupos emprenderán un nuevo sistema. Organizaron las sociedades de las que formaban parte en torno a la ganadería y la agricultura. La comida se «aseguró» dentro de un único territorio, permitiendo a aquellas poblaciones que optaron por esta organización vivir y prosperar. No era un sistema perfecto, dada la exposición a enfermedades y hambrunas, pero se extendió ampliamente por todo el globo.

LA NECESIDAD DE UNA CASA

La humanidad cambió para siempre con el sedentarismo. Ahora que no podíamos movernos estábamos a merced de las condiciones climáticas, y otros avatares, en un punto fijo. Asimismo, en vez de adaptarnos al entorno, nosotros lo adaptamos en nuestro beneficio. Por esa razón, aparecieron las primeras construcciones, levantadas por los humanos para diferentes funciones.

LOS PRIMEROS HOGARES

Los primeros edificios del Neolítico tienen una antigüedad de unos 11700 años. En este tiempo, estaban surgiendo los primeros centros comunitarios, edificios que servían para los grupos asentados a su alrededor. Poco a poco, rodeando a aquellos centros, se construyeron las primeras casas.

La arquitectura de los hogares neolíticos es muy variada, yendo desde construcciones con plantas rectangulares a circulares, con una única estancia o varias habitaciones. Además, los materiales empleados variaban en función de los que estaban disponibles en los alrededores.

Las viviendas más antiguas tienen forma circular, probablemente herencia de las primeras construcciones realizadas por los cazadores y recolectores. Para construir una de estas casas primero se tenía que horadar el terreno para establecer una base. A continuación, se colocaban unos postes configurando el armazón del edificio. Seguidamente, se rellenaban los huecos con piedras y/o barro formando las paredes. Unos postes verticales dentro de la estancia sostenían un techo de palos y paja que se aislaba con una capa de barro.

Las casas de planta rectangular aparecieron más tarde y no requerían de un hoyo para levantarse. Simplemente se preparaba el solar y se practicaban agujeros para los postes que sostendrían las paredes, que podían ser de piedra o barro. El techo se sostenía con vigas de madera con una resistencia suficiente para sustentar el tejado de tierra y materia vegetal. En ambos tipos de construcciones, las paredes se rematavan con yeso o arcilla para mejorar el aislamiento. Incluso, con el tiempo, los suelos de tierra quedarían atrás y comenzaron a enlucirse las superficies, facilitando la limpieza.

Debemos tener en cuenta que las casas del Neolítico eran cambiaban mucho, ya que se reformaban continuamente para adaptarlas a las

El ser humano habita primero en cavidades naturales en la roca, como cuevas. Hasta el periodo Neolítico no construye su vivienda de forma habitual.

Los humanos paleolíticos también hacían pequeños asentamientos nómadas. No solo habitaban en cuevas.

necesidades de sus inquilinos. Hasta se han encontrado enterramientos bajo los suelos de las propias viviendas. Y es que los hogares eran el epicentro de los cultos religiosos de nuestros ancestros; había dibujos en sus paredes y otros elementos simbólicos. Las poblaciones fueron aumentando en tamaño y las casas comenzaron a ampliarse, añadiendo estancias que servían de almacenes de comida o habitáculos. Las paredes construidas se aprovechaban, formándose unos bloques compactos de casas fundidas las unas con las otras. Se creó así un patrón poligonal que se apreciará ya en las primeras ciudades, como Çatalhöyük, en la actual Turquía.

LA UNIDAD FAMILIAR

En el Neolítico la familia pasó a ser la unidad en la que se sustentaba la sociedad. Atrás quedaron las tribus de los cazadores-recolectores. Las viviendas eran ocupadas por grandes familias que guardaban parentesco entre ellos, sobre todo siguiendo la línea paterna. Ya en Eulau (Alemania) hay tumbas de 4600 años de antigüedad donde el ADN indica el parentesco cercano entre los individuos enterrados. Una alberga a una pareja con sus dos hijos y otra a tres hermanos pequeños con una mujer no emparentada con ellos, quizás su madre adoptiva.

Los lazos familiares se reconocían y evidenciaban en los enterramientos. Uno de los mejores ejemplos es la gran tumba de Koszyce (Polonia), conocida también como la masacre de Koszyce, acontecida hace 5000 años. Esta tumba presenta 15 individuos (mujeres, hombres y niños) que fueron ejecutados; todos ellos presentan golpes mortales en el cráneo. El ADN muestra que todos los hombres estaban emparentados entre sí, pero las mujeres solo guardaban parentesco con los niños y no entre ellas. Esto indica que las mujeres se desplazaban de otros poblados mientras que los hombres permanecían en los mismos lugares donde nacían. Esto también se observa en Eulau, las mujeres también procedían de lugares lejanos al lugar donde se habían encontrado. Otro ejemplo de la importancia del linaje se encuentra en las tumbas de Basta (Jordania), donde se evidencia una gran endogamia premeditada. Una práctica que fortalecía los lazos familiares y la unión del grupo.

A la izquierda, vista del asentamiendo neolítico en Skara Brae, en las islas Orkney, de Reino Unido. Derecha, reconstrucción de una casa de planta rectangular en Amrum, Alemania.

LOS PRIMEROS POBLADOS

Las comunidades neolíticas fueron expandiéndose. Su nuevo modo de vida resultó ser ventajoso: propició un aumento de la fertilidad y del número de individuos que formaban parte de ellas.

DE LAS CASAS A LAS CIUDADES

Las viviendas comenzaron a crecer y multiplicarse, fusionándose unas con otras a modo de colmena. Finalmente, estos complejos arquitectónicos se hicieron tan grandes que llegaron a albergar a cientos de habitantes. Estamos ante el nacimiento de lo que pronto serían las primeras ciudades.

LA PRIMERA «CIUDAD»

En la península de Anatolia, actual Turquía, se encuentra Çatalhöyük, un asentamiento neolítico con más de 7000 años de antigüedad. Lo que hace especial a Çatalhöyük es su tamaño. En aquel poblado vivían más de 8000 habitantes, una población inmensa para aquella época.

Para entender el «trazado urbanístico» de este complejo se debe tener en cuenta que ningún edificio era intocable. Todas las casas se demolían y reconstruían en función de las necesidades de sus habitantes, utilizando como plantilla los cimientos de aquellas anteriores a ellas. Siguiendo esta lógica, las casas se encontraban fusionadas unas con otras sin apenas espacio entre ellas. Se aprovechaban las paredes ya construidas para crear otras viviendas. La única forma de acceder a ellas era por el techo. Un agujero en la parte alta descubría una escalera de madera que descendía hacia el interior de los hogares. Es decir, si viviésemos allí, tendríamos que movernos entre los tejados de las viviendas hasta meternos en el agujero que se correspondiese con la nuestra. Una vez dentro, nos encontraríamos ante una amplia estancia. Esta estancia estaba «equipada» con todo lo necesario, como un horno, despensas, plataformas donde dormir, ganado doméstico, objetos y pinturas rituales, etc.

El hacinamiento era superlativo, hasta el punto de que las enfermedades eran recurrentes entre la población. Muchas de ellas procedían de la convivencia con el ganado —las ovejas y las cabras, por ejemplo, eran transmisoras de parásitos—, tal y como evidencian los restos fecales humanos y animales hallados dentro de las viviendas. A esto se sumaba obtener la dieta rica en cereales, que si bien les permitió carbohidratos, también provocó un aumento de las enfermedades bucales, como

Asentamiento neolítico construido en piedra en Orkey, la aldea neolítica más completa y mejor conservada de Europa.

Vista del asentamiento de Çatalhöyük, protociudad al sur de Anatolia, en la provincia de Konya de Turquía.

la caries, debido al incremento en la ingesta de azúcares. Pese a todo, los habitantes prosperaron gracias al pastoreo, los cultivos y la carne procedente de la caza, la pesca o el marisqueo.

En Çatalhöyük convivían en una misma vivienda familiares y no allegados. Mientras que otros asentamientos neolíticos sostenían su trama social sobre grandes familias ligadas por un parentesco cercano, Çatalhöyük presentaba una de familia más laxa. Quizá sus habitantes, más que vínculos biológicos, compartieran un sentimiento de pertenencia a un espacio concreto, en este caso, el hogar. Este sentimiento de pertenencia no solo se aplicaba a los vivos. Las viviendas tenían una gran importancia religiosa, como evidencian las pinturas de las paredes y los objetos rituales encontrados en ellas. De hecho, durante mucho tiempo enterraron a sus muertos bajo el suelo de sus propias casas, aunque esta costumbre se fue sustituyendo por la incineración en piras mortuorias y el enterramiento de las cenizas.

Sin embargo, el destino fue implacable con Çatalhöyük. Poco a poco, los cambios climáticos dificultaron el pastoreo; sus habitantes tuvieron que recorrer grandes distancias para alimentar el ganado. La tierra se hizo inhóspita por mucho que la trabajasen hombres, mujeres y niños. Con el tiempo, este primer ensayo de ciudad decayó y fue abandonada por sus habitantes en busca de lugares más propicios donde poder asentarse.

Interior de una vivienda reconstruida en Skara Brae. Al igual que Çatalhöyük, eran viviendas excavadas y pegadas unas a otras.

SOCIEDAD NEOLÍTICA

Las culturas neolíticas se caracterizan por unos altos niveles de violencia entre sus miembros. Çatalhöyük no es una excepción. Muchos de sus individuos enterrados presentan lesiones craneales curadas de golpes propinados con un objeto contundente. De hecho, aunque ambos sexos recibían golpes, eran las mujeres adultas las que presentaban lesiones más recurrentes. Probablemente, la gran densidad poblacional daba pie a un mayor número de conflictos y enfrentamientos entre sus habitantes, provocando estas peleas. No hay más que ver la enorme tumba de Koszyce, resultado de la competencia entre la cultura de las ánforas globulares y la cultura de la cerámica cordada. Aunque esta ciudad turca tenía una sociedad bastante igualitaria, la realidad no era la misma en otros lugares.

Las élites políticas y religiosas comenzaron a organizarse como se evidencia en otros yacimientos europeos. La construcción de monumentos y los ritos públicos mostraban el poder de aquellos que habían acaparado los recursos, manteniendo su hegemonía mediante uniones incestuosas. Los caciques dieron lugar a sociedades organizadas en estratos sociales que cobrarían una enorme consistencia en las futuras civilizaciones. El predominio recayó en la línea paterna masculina. Se conformaron sociedades en las que los gobernantes fueron vistos como dioses.

EL AMANECER DE LAS CIVILIZACIONES

Hace aproximadamente 3500 años se ideó una nueva herramienta, una invención que permitiría conocer mejor nuestro pasado: la escritura. La aparición de los primeros registros escritos abre un mundo nuevo. A partir de ese momento ya no se depende únicamente de los restos arqueológicos para conocer lo que sucedió en un lugar y tiempo determinados. La escritura marca el inicio de la Historia. A partir de este punto, la arqueología y el estudio de documentos de diverso tipo desplaza a la paleoantropología en la interpretación del pasado. Pero la biología aún tiene mucho que aportar en la exploración de los yacimientos en esta nueva fase de la aventura humana.

NUEVOS REGISTROS DEL PASADO

El estudio de los restos humanos, así como el de otros animales, aporta datos fundamentales para conocer el contexto de un yacimiento. Por eso existen disciplinas como la zooarqueología o la arqueobotánica. Estas disciplinas, junto con otras, nos ayudarán a entender mejor cómo se fueron configurando las distintas culturas y sociedades humanas hasta donde estamos hoy en día.

LAS PRIMERAS CIVILIZACIONES

Las sociedades neolíticas llegaron a un nivel de complejidad crítico en el cual comenzó a surgir lo que conocemos como civilización. Nacieron nuevas costumbres y culturas ligadas a los asentamientos sedentarios; crecieron enormes ciudades, al menos, para la época; se construyeron monumentos, algunos admirables. Todo comenzó en una región asiática que se extiende por el actual Iraq, y parte de Siria y Turquía. Entre los ríos Tigris y Éufrates se encuentra Mesopotamia, tierra «entre ríos», donde nacieron las civilizaciones más antiguas que se conocen, nos estamos refiriendo a la sumeria, acadia, babilonia, etc.

Hace 10 000 años los ríos atrajeron los primeros asentamientos por tener un flujo constante de agua para los cultivos. Poco a poco, y con la invención de nuevas técnicas de regadío, la población creció y colonizó otras regiones, obteniendo recursos de lugares más alejados. En su expansión, la demografía cambió el carácter de los primeros asentamientos. Ya no se trataba de aldeas, sino que se estaban desarrollando nuevos núcleos urbanos. Aquellos asentamientos se hicieron más grandes que nunca, dando lugar a lo que serían las primeras ciudades. Algunas de las más antiguas, como Eridu y Uruk, tenían grandes densidades de población y se contaban por miles los habitantes. A su vez, las ciudades se caracterizaban por poseer grandes graneros y superficies de producción. Además, a diferencia de Çatalhöyük y otros poblados anteriores,

Yacimiento arqueológico de Uruk, en Irak. El rey sumerio Gilgamesh mandó construir los muros de esta ciudad. Más arriba, tablilla de escritura cuneiforme de Nuzi, en Irak.

Ruinas de Eridu, en Irak, una antigua ciudad al sur de Mesopotamia.

no todos los edificios eran iguales. Se empezaron a construir infraestructuras especializadas y con funciones específicas según las labores que se realizasen en ellas. Este complejo sistema urbanístico se asentaba a su vez sobre una elaborada trama social, en la que la carga de trabajo se iba separando entre distintos miembros de la comunidad. Así, se fueron generando distintos puestos y grupos sociales y funciones específicas asociadas a cada uno de ellos.

En Mesopotamia las ciudades estaban regidas por gobernantes a los que se les atribuían poderes divinos. Sobre esta clase de poderes floreció una férrea autoridad política y religiosa. Se alcanzó tal grado de control sobre la vida de sus habitantes que hay tumbas en ciudades como Başur Höyük o Ur en las que quedan evidencias de la práctica de sacrificios humanos. Este tipo de prácticas se desarrollaron como un reflejo del poder absoluto de las élites sobre la gente del común. Eran un recordatorio de las prerrogativas de reyes, sacerdotes y soldados en tiempos de inestabilidad política; a lo largo de la historia numerosas culturas han mantenido esta concepción del poder de unos pocos sobre la mayoría. Consecuentemente, cambió el valor de la vida humana, que se trató como un nuevo recurso.

Pero esto no evitó que la cultura floreciera. En Mesopotamia nació la escritura, aunque luego esta apareció en otros lugares del mundo bajo distintas formas. Los primeros documentos se realizaron con escritura cuneiforme: tablillas de arcilla y vasijas cubiertas de signos cuando el material estaba blando mediante instrumentos de punta triangular, como cañas u otras plantas. La literatura surgió siguiendo el rastro del registro de los trámites burocráticos y económicos. También aparecieron las primeras leyes con el Código de Hammurabi y se desarrollaron la astronomía y las matemáticas. Todo lo anterior, junto con otros avances tecnológicos –como la alfarería o los avances en el campo de la arquitectura–, provocaron una gran eclosión política y cultural, que nosotros hoy

Gran ziggurat de la ciudad de Ur, en Irak.

desglosamos en diversos periodos y civilizaciones. Los zigurats, grandes templos con forma piramidal, pueden considerarse el símbolo de este periodo de enorme aceleración del tiempo histórico.

EL RESTO ES HISTORIA

Mesopotamia dará pie a muchas civilizaciones que, antes o después, acabaron desapareciendo, dejando tras ellas testimonio en piedra de sus logros: tumbas, construcciones, escritos, vasijas, figuras, etc. Posteriormente se sucederán muchas más: egipcia, griega, romana, cartaginesa, azteca, china... Todas ellas han realizado aportaciones a la cultura y el desarrollo social humano. Surgirán diferencias entre los individuos de cada una de ellas, tanto en su genética como su aspecto. Todas ellas desaparecieron, dando lugar a otras, inmersas en una dinámica que se ha prolongado hasta llegar al punto en que nos encontramos hoy: un mundo interconectado poblado por miles de millones de personas circulando sin fronteras por un planeta Tierra cada vez más empequeñecido e insuficiente para albergar tanta actividad.

Hemos llegado al presente, pero la evolución de la humanidad no acaba aquí. Esto no es sino un capítulo más en nuestra larga historia.

LA ESPECIE MÁS PODEROSA DE LA TIERRA

Tras un viaje de miles de millones de años, estamos aquí y ahora, en la actualidad. La especie humana ha hecho un largo viaje. Nuestro éxito ha sido de tal calibre que no hay ningún rincón de este planeta que no haya sido pisado por el ser humano. Tanto es así que durante miles de años nos hemos considerado los reyes de la Tierra.

UN RÁPIDO CRECIMIENTO

La necesidad de expansión y afianzamiento de nuestra hegemonía no es más que una prolongación de los ideales sociales que empezaron a surgir ya en el Neolítico. La sociedad occidental ha llevado esta lógica a sus extremos, ya que acumular recursos es más un asunto de poder que de supervivencia. Es por esto que aquellos que más tienen son los que dominan sobre los demás.

HISTORIA EVOLUTIVA

Sin embargo, aún existen muchas comunidades que viven como lo hacíamos en el Paleolítico, grupos de cazadores y recolectores que dependen de la tierra como otro animal más. Y es que en ningún momento hemos dejado de ser, eso, animales. Por muy avanzada que sea la tecnología y sofisticados nuestros ideales sociales, el animal que tenemos dentro sigue existiendo como así lo evidencia nuestra biología, comportamiento reproductor, psicología, etc. Todas las civilizaciones y pueblos que han existido proceden de la misma historia evolutiva. La principal diferencia es el entorno en el que se desarrollaron y la cultura por la que optaron en consecuencia. Así, cada miembro de cada civilización encontró distintos modos de sobrevivir, adaptarse y multiplicarse en los distintos hábitats donde vivían.

La portentosa evolución cultural de nuestra especie y su diversificación nos ha llevado a ser de las más exitosas de la Tierra. Ese mismo avance cultural, y tecnológico, ha provocado enormes cambios sociales a lo largo de nuestra historia reciente, dando lugar a miles de culturas distintas dentro del entorno global único y cada vez más estrecho e interconectado que tenemos hoy.

Somos nuestro camino evolutivo, el producto de un sinfín de transformaciones hasta llegar al presente. No debemos olvidar que el proceso no se ha detenido, sino que, al contrario, se acelera.

ÉXITO DE NUESTRA ESPECIE

Homo sapiens ha convivido en diversos ecosistemas junto con muchas otras especies, llevando relaciones de cooperación o competencia como aún hoy se ve entre los cazadores y recolectores. No hay más que ver el ejemplo de los hadza y los pájaros indicadores.

Los hadza han establecido mutualismo con las aves para obtener miel, ponen clavijas de madera en los arboles para subir hasta la colmena que les han señalado los pájaros.

La tribu africana ha desarrollado una relación mutualista en la que ambas especies salen beneficiadas. Los pájaros guían a los humanos hacia las colmenas con miel. De esta forma, y gracias al uso del fuego, los humanos espantan a las abejas y se hacen con la miel. Los panales se recogen y se deja siempre un trozo para las aves. En el reino animal no es raro ver este tipo de interacciones entre las especies. Pero nos sigue sorprendiendo porque, a menudo, olvidamos que, como animales, nosotros mismos desempeñamos un papel dentro del ecosistema.

Actualmente, somos más de 7800 millones de personas las que poblamos este planeta. Hemos llegado más lejos que ninguna otra especie; hemos logrado incluso lanzar a algunos de nuestros miembros fuera del Planeta, y traerlos de vuelta sanos y salvos. Hay quien hace planes para colonizar Marte. Pero todo ese consumo de recursos llega a un nivel excesivo, privando de ellos a otras poblaciones humanas y especies. Además, el mundo está cambiando.

NUESTRO ESFUERZO POR SOMETER A LA NATURALEZA HA PROVOCADO LA ALTERACIÓN DEL CLIMA GLOBAL. EL GIGANTESCO PODER QUE POSEE HOY LA ESPECIE HUMANA, TANTO DENTRO DE NUESTRA PROPIA ESPECIE COMO FUERA DE ELLA, NO NOS DA DERECHO A EXPLOTAR LOS RECURSOS SIN CONTEMPLACIONES.

LA CIENCIA EN SU DIMENSIÓN HUMANA

El conocimiento científico se basa en la experimentación, observación y contrastación. Las hipótesis realizadas siempre requieren de datos objetivos para ser consideradas válidas. Además, los científicos revisan constantemente los nuevos descubrimientos con el fin de garantizar su veracidad y utilidad. Los pasos necesarios para poder publicar un descubrimiento y el rigor que requiere son una de las causas por las que la ciencia va a paso lento, pero seguro.

Sin embargo, no debemos olvidar que la ciencia es una herramienta humana. Ha sido creada por humanos como nosotros que viven inmersos en una sociedad y contexto histórico determinados. Por ello, muchas corrientes «científicas» han mostrado sesgos a lo largo de la historia, como es el caso de la frenología. La frenología se basaba en el estudio de la forma de la cabeza para determinar atributos intelectuales y psicológicos. Claro está, el modelo de referencia era el de un varón europeo caucásico. Por suerte, la ciencia está en constante cambio según van surgiendo nuevas evidencias y nuevos entendimientos. Por ello, la frenología, y otras muchas ideas y teorías, han quedado desmentidas y se han dejado atrás.

EL SESGO HUMANO

La ciencia y toda nuestra percepción del mundo están influidas por nuestra propia naturaleza. Lo queramos o no, vemos lo que nos rodea a partir de nuestros sentidos y nuestro propio procesamiento cerebral. Nuestra especie ve el entorno bajo un prisma particular, muy distinto al de cualquier otra. El problema es que solo somos capaces de ver el mundo desde una única perspectiva, la nuestra. Por ejemplo, somos capaces de empatizar con animales, como perros y gatos, que nos resultan adorables. Es lógico, ya que son mamíferos como nosotros y sus rostros nos recuerdan al de nuestras propias crías, lo que despierta en nosotros un sentimiento de ternura. En parte, por esta razón muy pocas personas se oponen a la conservación del panda o

El sesgo humano no es el único que ha interferido en la ciencia, sino que la influencia cultural en cuanto al género o la raza, por ejemplo, también ha influenciado la visión científica occidental. En la imagen, mujer y bebé de la tribu mursi, en Etiopía.

Cráneo de *Homo erectus*, que por ser más pequeño que el del *H. sapiens* fue supeditado como inferior según la frenología. A su derecha, calavera con su indicación de los órganos de Gall, ilustración típica sobre la influencia de la forma del cráneo en los rasgos de personalidad.

del lince. Pero cuando se sugiere la necesidad de preservar especies como los tiburones y lagartos, es otro asunto. Son animales que suelen causar miedo o repulsión. Muchos de ellos porque han sido depredadores de nuestros ancestros o porque sabemos que son peligrosos. Por estas razones es por lo que el miedo a las serpientes y arañas es tan común.

Además, nuestra propia naturaleza social nos puede llevar a malentendidos. Nuestro sistema social, basado en las relaciones cercanas con valores como la amistad o el cuidado de los enfermos, es algo complejo y único. Sin embargo, intentamos interpretar el comportamiento de otras especies bajo esta perspectiva, dando lugar a confusión. Internet está repleto de vídeos de animales con títulos como «Perro salva a su amigo» o «Pato da de comer a los peces» cuando la realidad es mucho más sencilla. Como, por ejemplo, que los patos necesitan humedecer la comida para tragarla y vengan peces a comerse los restos. La antropomorfización de los animales es un fenómeno común y a él han contribuido muchas manifestaciones de la cultura popular como las películas o los reportajes.

Paradójicamente, a la vez que asignamos a ciertos animales comportamientos humanos, nosotros mismos procuramos en todo momento recalcar la diferencia entre nuestra especie y todas las demás. Pero la evolución humana no es una excepción. A lo largo de este libro hemos visto muchos ejemplos de prejuicios que han acabado manchando el conocimiento científico. El pequeño tamaño craneal de *Homo erectus*, cuyos descubridores lo tacharon de «idiota» o de «humano microencefálico», la

creencia de que los neandertales eran inferiores intelectualmente a nosotros, la resistencia a entender que el ser humano es un animal como todos los demás, emparentado con otros primates, etc. A menudo, nos dominan los prejuicios, pero, poco a poco, la ciencia se impone a estos sesgos proporcionando a la humanidad nuevas evidencias que nos hacen comprender mejor nuestro lugar en el planeta y su historia.

LA INFLUENCIA SOCIAL

La ciencia también se ha visto influenciada por las ideologías y movimientos sociales. No es extraño que nuestro pensamiento se empañe con imágenes como los Picapiedra o estereotipos sobre que la mujer en el pasado desempeñó un papel de «ama de casa», como hizo en Occidente. Esta es una visión que procede de la situación social del momento en el que se comenzaron a estudiar las sociedades de nuestros ancestros. De modo similar sucede con el concepto de las razas humanas, una invención producto del racismo y colonialismo.

Ahora, la ciencia se está volviendo cada vez más diversa. Ya empieza a dejarse atrás la mayoría blanca y masculina en la ciencia. Personas de todas las identidades de género y etnias se están uniendo a la comunidad científica, aportando su granito de arena en un mejor entendimiento de la evolución humana. Cuanto mayores sean la diversidad y las perspectivas distintas que se tengan, mejor funcionará la ciencia. Al igual que con la evolución biológica, la diversidad es clave y necesaria para cambiar y adaptarse.

EL PROBLEMA DEL COMERCIO DE FÓSILES

Fósil de amonite.

Los mercadillos de fósiles y rocas son algo habitual en ferias o eventos. Muchos acuden a ellas con la ilusión de adquirir un fósil auténtico y añadir una muestra geológica a la decoración de su casa. Podemos pensar que esos fósiles han pasado por una gran cantidad de trámites hasta llegar a esas tiendas, pero la realidad es bien distinta. Cada país tiene una legislación particular sobre su patrimonio histórico.

En España, la extracción de fósiles sin permisos o motivos científicos es ilegal, y más aún su venta. Por ello, en ninguna tienda veremos fósiles procedentes de España. Lo más común es ver aquellos procedentes de Marruecos, donde la legislación es mucho más laxa. Tanto es así que muchos se ganan la vida desenterrándolos y vendiéndolos.

Sin embargo, este negocio que lleva en pie cientos de años plantea una serie de problemáticas tanto a nivel de conservación del patrimonio como de la investigación científica.

DESAPARECIDOS PARA LA INVESTIGACIÓN

No todos los fósiles son iguales ni tienen el mismo valor. A pesar de los procesos geológicos complejos y prolongados que se deben dar para que tenga lugar la fosilización, existen fósiles mucho más numerosos que otros. Por ejemplo, pequeños invertebrados como esponjas, bivalvos y anémonas generaron arrecifes enteros que se fosilizaron creando extensiones enormes con material fosilífero. Otro ejemplo es el propio petróleo, del cual extraemos miles de litros cada día, y que procede de la fosilización de plancton marino. De hecho, muchos de estos organismos fosilizados se utilizan dentro de los propios yacimientos simplemente para datar la edad de los restos. Algunas algas, como las carófitas, o pequeños crustáceos, como los ostrácodos, dejan un gran número de restos fosilizados de tamaño casi microscópico, permitiendo la datación y el estudio del ecosistema de la zona en el pasado. Pero, por sí solos, no tienen mucho más valor científico. Esta es la razón por la que antes de realizar una obra es necesario que los paleontólogos analicen el terreno del solar para determinar si hay fósiles valiosos que el cemento va a tapar. En caso de que no se encuentre nada relevante, la obra prosigue, pero si algo aparece destacable, se paraliza por completo.

Tienda de fósiles en Marrakesh, en Marruecos.

Réplica del famoso *Tyrannosaurus rex* llamado Stan en los jardines de la sede de Google, en Silicon Valley.

Fósil de *Archaeopteryx*, un género de aves primitivas extintas.

¿Pero qué sucede con los fósiles que sí tienen valor? Lo ideal es que al encontrarse se comiencen los trámites para emprender una excavación paleontológica con su posterior investigación científica. Desgraciadamente, esto no siempre ocurre. En muchos países se trata el patrimonio paleontológico de forma muy relajada. La venta de fósiles conlleva extraer los fósiles de la roca que los contiene sin informar de su ubicación, y con ello se resta una información preciosa sobre su contexto. Esos datos perdidos impiden que el ejemplar se pueda estudiar y que lo que pudiera aportar se pierda para siempre. En Estados Unidos hay casos extremos: por ejemplo, esqueletos completos de dinosaurios se han subastado aún sin haber sido estudiados. Tal es el caso de «Stan,» el ejemplar de *Tyrannosaurus rex* (T. rex) más grande que se ha encontrado, que se adjudicó al mejor postor por más de 31 millones de dólares. También ocurrió con un ejemplar joven de *Tiranosaurio rex* y un *Triceratops*, un fósil único donde se conservaron ambos juntos. Fueron subastados, pero recientemente los adquirió el Museo del Carolina del Norte, donde podrán por fin estudiarse.

Todo esto hace que muchos ejemplares sean inaccesibles para la ciencia, dentro de colecciones privadas, sin posibilidad de contribuir al conocimiento de la humanidad.

LA TRATA DE FÓSILES HUMANOS

Aunque los restos humanos sean mucho más escasos que los de otros animales fósiles, esto no ha evitado que algunos hayan querido sacar provecho económico de ellos.

En 1997 se intentaron vender huesos que, se aseguraba, pertenecían a distintas especies homininas. La primera pieza era un cráneo cromañón valorado en 28 000 dólares y la segunda, una mandíbula neandertal tasada en 5 700 dólares. Estos fósiles habían permanecido ocultos a cualquier experto, por lo que era difícil averiguar si eran un fraude o no. En caso de serlo, sería una estafa al comprador. Si no lo era, suponía la pérdida de restos humanos de gran valor científico. Esto no solo sucede con cráneos fósiles; se ha llegado a poner en venta un cráneo humano del siglo XVII en internet.

Otro de los ejemplos más controvertidos es Ida, el único ejemplar encontrado de *Darwinius masillae*. Procedente de Alemania, los museos del país no podían permitirse comprarlo al vendedor, que pedía nada más y nada menos que un millón de dólares. Sin embargo, Jørn Hurum consiguió fondos del Museo de Historia Natural de Oslo y compró el fósil, permitiendo su posterior investigación. Así, el museo tuvo en su exposición un ejemplar emblemático amortizando por completo la inversión.

Sea como fuere, el tráfico de fósiles, tanto legal como ilegal, existe, y es un factor que dificulta enormemente la investigación paleontológica.

LA MUJER EN LA CUEVA Y EL HOMBRE A CAZAR

Pensemos por un momento en todas las películas, libros y otras obras que hemos consumido a lo largo de nuestra vida que se ambientan en el Paleolítico. En ellas, lo más común es ver a los hombres, fuertes y atléticos, cazando a grandes bisontes o mamuts. O puede que creando arte rupestre o complejas herramientas de piedra.

¿Pero cómo se representan a las mujeres? Ellas están en las cuevas, embarazadas o con sus hijos, ayudando a curtir pieles o preparando la comida que traen los hombres. Básicamente, ejerciendo una labor subalterna. Sin embargo, según pasan los años y la ciencia avanza, se hace cada vez más evidente que esta visión no es más que un mito. Una percepción fruto de cómo era la sociedad en la que nació tal prejuicio. Hace solo unas décadas la paleoantropología estaba compuesta en su totalidad por hombres; no había hueco para ninguna mujer. Ahora que las mujeres se están incorporando a la ciencia, se está dejando atrás el clásico papel que se había asignado a la mujer desde hace siglos. Además, los nuevos descubrimientos no hacen más que fortalecer la idea de que en el pasado hombres y mujeres no éramos tan distintos.

LAS VERDADERAS MUJERES

Las sociedades de cazadores-recolectores eran mucho más igualitarias de lo que podríamos pensar. Hombres y mujeres colaboraban para obtener comida y prosperar como grupo. Desde siempre se ha asociado la figura del hombre corpulento a la caza y la de la mujer a la recolección. Pero nuevos hallazgos han puesto en entredicho esta «división del trabajo». En 2020 se dio a conocer el hallazgo de una tumba datada hace 9 000 años

en Wilamaya Patjxa (Perú) que acogía un cuerpo rodeado por instrumental de caza. Los análisis determinaron que se trataba de una mujer joven. Como ella, en América se han encontrado otras tumbas de aquellos practicantes de la caza mayor, y hay mujeres en paridad con los hombres. A la hora de embarcarse en grandes cacerías es obvio que de cuantos más miembros del grupo puedas disponer, mejor. Sin importar su sexo.

El arte tampoco era una disciplina ajena a ellas. Pongamos el caso de las venus paleolíticas, figurillas femeninas con exagerados atributos sexuales que siempre se han interpretado como símbolos de fertilidad. Ahora se ha planteado la posibilidad de que fuesen realizadas por embarazadas. Mujeres que representaron en piedra la visión que tenían de ellas mismas y de sus cuerpos en distintas fases de su vida. Incluso en España tenemos testimonio de arte realizado por ellas. En la Cueva de El Castillo, en Cantabria, se llevó a cabo un estudio de las impresiones de manos dejadas en las paredes, basándose en el dimorfismo sexual entre ambos sexos. Se determinó que la mayoría de estas

En algunas tumbas se han hallado los restos de una mujer con armas de caza que le pertenecieron similares a este cuchillo paleolítico encontrado en Ucrania.

Las pinturas rupestres hablan de mayor igualdad social entre hombres y mujeres. La impresión de las manos corresponde muchas veces a mujeres que también eran artistas o cazadoras, como en este ejemplo de la Cueva de las Manos en la Patagonia Argentina.

Venus paleolíticas expuestas en el Museo de Historia Natural de Viena, en Austria. Las venus nos pueden hablar del papel que tenían las mujeres en el Paleolítico.

impresiones pertenecen a mujeres. Esto desafía la visión tradicional de que todos los artistas paleolíticos eran varones.

Incluso echando un vistazo a los cazadores-recolectores actuales vemos que muchos de ellos dan la misma importancia a las decisiones tomadas por hombres y mujeres. En sus comunidades viven una gran cantidad de personas que no necesariamente están emparentadas. Esto se debe a que cuando un hombre y una mujer forman vínculo es decisión de ambos adoptar la opción de vivir con la familia de ella o de él. Ambos tienen la misma capacidad de elección. De este modo, esas familias se mezclan dando como resultado una gran cantidad de miembros sin parentesco que colaboran entre sí. Además, hombres y mujeres comparten la carga de cuidar a los hijos. Sin embargo, esto cambia con aquellos grupos humanos que son granjeros; en este caso, se representa de forma predominante la familia del varón. A esto se une que los hombres suelen tener varias esposas, al contrario que los anteriores que tienden a las relaciones monógamas.

UN GRAN CAMBIO SOCIAL

El imaginario popular de la prehistoria nos vende a menudo a hombres cavernícolas raptando mujeres de clanes rivales o tirándolas del pelo para llevárselas

a sus cuevas. Hombres peludos y brutos luchando entre ellos como si fueran soldados mientras las mujeres esperan en las cuevas con aire de amas de casa pleistocénicas. Estas imágenes, estos estereotipos no eran más que un producto de la propia sociedad del momento, que deformó y enturbió los estudios sobre la evolución humana. Ahora sabemos que nuestros ancestros tenían culturas muy distintas a las nuestras y concepciones muy diferentes del género a las que tenemos hoy.

La desigualdad entre sexos probablemente surgió con el sedentarismo y la agricultura. La aparición de bienes heredables supuso la necesidad de controlar su distribución entre la descendencia. Cuanto más se repartía, más se perdía. La solución fue controlar la reproducción, en este caso de las mujeres, por parte de los hombres. Se originaron así las primeras desigualdades, tanto económicas como sociales. A diferencia de los cazadores-recolectores donde hombres y mujeres participan cuidando de los hijos, las sociedades de granjeros comenzaron a mostrar modelos patriarcales.

Todo lo que hemos visto hace que nos replanteemos si no hemos analizado al ser humano antiguo desde nuestra visión actual del género y del sexo humanos. Intentando aplicar esos modelos a los tiempos más remotos cuando no existían. La realidad es mucho más compleja y hará añicos gran parte de nuestros esquemas, haciéndonos reflexionar sobre cómo hemos llegado a la sociedad actual.

LOS PRIMEROS EUROPEOS ERAN AFRICANOS

Desde hace siglos, el ser humano se ha separado en grupos caracterizados por unos rasgos físicos, que, vulgarmente, se han venido denominando como razas. Curiosamente, este término se utiliza en contadas ocasiones en el campo de la biología, sobre todo en el caso de los animales domésticos, ya que se han perfilado otras definiciones más actualizadas y exactas. En principio, una raza sería una subdivisión dentro de una especie. En el caso de los humanos, suele asociarse también a determinados atributos culturales y sociales. Sin embargo, la genética ha revelado que en los humanos no existe tal división.

El concepto de raza humana comenzó a acuñarse ya en el siglo XIX, en una época en la que se intentó justificar desde el punto de vista biológico la superioridad de la «raza» blanca frente al resto. Hoy sabemos que las razas humanas no tienen ninguna base biológica y que solo cobran importancia en un determinado contexto político y social. No obstante, a pesar de su nula validez científica siguen condicionando la vida, o empañando la visión, de muchas personas, y generando dinámicas nocivas en nuestras sociedades.

¿POR QUÉ NO EXISTEN LAS RAZAS HUMANAS?

Antiguamente, se definían las razas como una consecuencia de los fenómenos de especiación. En el proceso por el cual se diferencian las especies se generan estadios intermedios que se denominaban razas. Actualmente, se utilizan otros términos, como subespecies o ecotipos. Sin embargo, ninguno de ellos se corresponde con la diversidad humana actual.

Tras numerosos estudios genéticos no se han podido encontrar diferencias lo suficientemente notables que determinen las razas tal y como tradicionalmente se concebían. Incluso analizando el ADN de aquellas personas que se atribuían la pertenencia a alguna de ellas. De hecho, existe una mayor diferenciación genética entre las tribus de África que entre el resto de los continentes entre sí. La explicación es que las poblaciones africanas ya se encontraban bien diferenciadas unas de otras mucho antes de nuestra salida de África. Cuando los humanos comenzaron a emigrar lo hicieron en pequeñas poblaciones, restringiendo en gran medida su variedad genética. De este modo, las poblaciones que salieron del continente se mezclaron entre ellas junto con otras especies como los neandertales y denisovanos. Por eso nuestra genética es mucho más homogénea que la de los chimpancés, los cuales sí presentan subespecies y nosotros no.

Africanos y polinesios comparten una piel oscura, pero este rasgo físico no implica compartir ADN.

Una de las mejores pruebas de nula base biológica de las razas humanas es el estudio de la genética que origina el color de nuestra piel. Durante generaciones se han definido razas enteras en función de este criterio. Durante mucho tiempo se creyó que los primeros europeos ya contaban con pieles claras y cabellos rubios. Pero la historia es bien distinta. Teniendo en cuenta que nuestra especie se originó en África, no es descabellado pensar que nuestros ancestros tuviesen la tez oscura. Pero la realidad va mucho más allá. El ADN extraído de los huesos del Hombre de Cheddar (10 000 años, Inglaterra), el ADN dejado en la resina de abedul masticada por una mujer (6 000 años, Escandinavia) y dos cazadores-recolectores (7 000 años, España) muestran el mismo patrón. Los antiguos europeos presentaban piel oscura y ojos azules. Una combinación poco común actualmente. Esto significa que la piel clara tan característica de los europeos es un rasgo extremadamente moderno. Surgió aproximadamente hace 7700 años en el norte de Europa, mientras que el centro y sur aún conservaban la piel oscura. Fue el cruce de poblaciones lo que extendió esos genes por Europa.

De hecho, la piel, por sí sola, no nos permite definir una subdivisión de especie. Como mínimo se requerirían una serie de rasgos ligados a la geografía. Y aunque es cierto que los organismos se adaptan al entorno, no necesariamente implica que compartir esas características suponga compartir ADN. El color oscuro de la piel de un africano y un polinesio no implica que estén estrechamente emparentados. Es imposible escoger una serie de rasgos físicos que determinen la procedencia específica de alguien. Recordemos que no todo lo que contiene el ADN se plasma en el individuo.

ASCENDENCIA TRAICIONERA

Durante siglos hemos rastreado el aspecto de nuestros antecesores para conocer de dónde procedíamos. A menudo, se recurría al concepto de raza con el fin de buscar nuestros orígenes. Pero como ya hemos visto con los neandertales y los denisovanos, nuestro ADN guarda muchas

Cueva de Gough, en la garganta de Cheddar, en Somerset, Reino Unido, donde se encontraron los huesos del Hombre de Cheddar, cuyo ADN sorprendió a los científicos: uno de los primeros británicos tenía piel negra y ojos azules.

sorpresas. Podemos mostrar rasgos europeos y, perfectamente, tener ancestros africanos recientes. Ser un afroamericano y que la mayoría de nuestra ascendencia sea centroeuropea. Basta con un análisis genético para llevarse más de una sorpresa.

En definitiva, hemos intentado durante años hacer categorías cerradas donde encerrar diversas apariencias físicas. Esa clasificación de «blanco» o «negro» no es más que una herencia social del siglo XIX, cuando se intentó justificar a partir de la biología que unos humanos eran superiores a otros por su físico o su cultura. Ahora sabemos que somos una gran mezcla, una fusión donde es imposible establecer esas barreras. Solo queda que la sociedad acepte su verdad biológica.

UNA GRAN MEZCLA GENÉTICA

Pensemos por un momento en la naturaleza humana. En la cantidad de elementos que pueden cambiar de una persona a otra. La variabilidad física y cultural de nuestra especie es enorme, al menos aparentemente. Tanto es así que a lo largo de este libro hemos visto frecuentes confusiones a la hora de comparar nuestra propia especie con otros primates o dentro de *Homo*.

Detengámonos un momento e imaginemos dos personas. Un luchador de sumo y una bailarina de ballet, por ejemplo. A pesar de sus enormes diferencias físicas, sus esqueletos probablemente no son tan distintos, salvando las diferencias en cuanto altura, sexo y rasgos propios de cada individuo. No deja de ser curioso cómo a pesar de las miles de culturas humanas y los rasgos físicos expresados por nuestro ADN, los seres humanos compartimos una genética básica. Somos más parecidos de lo que creíamos en un principio.

LA FALSA DIVERSIDAD

A pesar de las diferencias externas que puedan existir entre distintas etnias o entre personas de distintos continentes, ya hemos visto que nuestra genética no es tan distinta. Por ese motivo las razas humanas no existen. Pero eso no es todo. Nuestra especie tiene una diversidad genética mucho menor que muchas otras especies de mamíferos. Sin ir más lejos, los chimpancés presentan varias subespecies, y las moscas de la fruta tienen una mayor diversidad genética que ambas especies juntas.

¿A qué se debe nuestra reducida diversidad genética? Existen dos causas que lo explican. La primera es que *Homo sapiens* es una especie joven. Ni siquiera llevamos un millón de años en este planeta, por lo que aún no hemos acumulado tantas modificaciones en nuestro ADN. La segunda es el efecto fundador que sufrimos al salir de África. Al igual que *Homo floresiensis* en la isla de Flores, los pequeños grupos humanos que salieron del continente determinaron toda la genética posterior a ellos. Por esta razón, son los africanos los que tienen una mayor variedad genética mientras que el resto nos parecemos más por compartir esa ascendencia común. De hecho, los humanos tenemos nuestro

El ser humano presenta una asombrosa homogeneidad genética, por lo que ninguno de nosotros es muy diferente a otro. No podemos hablar de razas humanas: hasta el nativo más lejano comparte un mayor parentesco con nosotros del que pensamos.

pico de diversidad genética no entre continentes o grupos étnicos, sino entre individuos. Eso significa que presentamos la misma diferencia genética entre nosotros que con un sirio, un chino, un argelino, un inuit o con cualquier otra persona del mundo.

La diversidad genética humana no es, por lo tanto, consecuencia de la adaptación a los distintos climas. Ya hemos mencionado el poco tiempo que hemos dispuesto a la hora de generar adaptaciones a los nuevos entornos. De hecho, gracias a la tecnología, hemos conseguido colonizar nuevos ambientes sin necesidad de pasar por un proceso evolutivo específico. La realidad es que toda la genética humana es consecuencia en gran medida de las migraciones. Tras la salida del continente africano, los humanos siguieron distintas rutas migratorias, extendiéndose por todo el globo. En aquellos recorridos fueron dejando poco a poco su huella genética. Por ejemplo, en la ruta hacia América los *Homo sapiens* del este asiático se dirigieron hacia lo que hoy sería el estrecho de Bering. Gracias a la bajada del nivel del mar, cruzaron a Norteamérica, extendiéndose más tarde hacia el sur del continente. En consecuencia, los americanos comparten gran parte de su genoma con los asiáticos del este.

La diversidad humana no se puede restringir a grupos cerrados. Es un gradiente. Conforme seguimos las rutas migratorias humanas vemos cómo se van extendiendo los distintos alelos que van surgiendo. Sin embargo, nunca se llega al punto en el que una población destaque sobre todas las demás. El cruce constante entre ellas permitió que todas esas variantes de genes se compartieran, contribuyendo a la homogeneidad genética. Al fin y al cabo, nuestra especie lleva desde su origen mezclándose entre sí sin importar la distancia. Incluso hemos hibridado con otras especies. Al final, toda la humanidad se ha fusionado en su genoma, creando una gran mezcla genética dentro de la especie humana.

Cráneo y reconstrucción de un neandertal con el cual compartimos gran parte de nuestro ADN.

NUESTRO ASPECTO FÍSICO

¿Cómo es posible que siendo tan parecidos seamos a la vez tan distintos? Aunque la genética es el manual de instrucciones que guía la construcción de nuestros cuerpos, esto no quiere decir que todo nuestro aspecto dependa de ella. Presentamos genes neandertales y no por ellos nos parecemos físicamente.

No todo el código genético se manifiesta en cada individuo. Por este motivo se hace distinción entre el genotipo (el ADN y los genes de un individuo) y el fenotipo (aquello que se manifiesta específicamente en cada individuo). Muchos tenemos en nuestro ADN genes que producen enfermedades, pero no por ello estamos condenados a padecerlas. Esto se debe a que no todo el ADN está siempre disponible. Hay capítulos del manual que tienen las hojas pegadas entre sí y no se pueden leer. De igual forma, el ADN se compacta en ciertas regiones gracias a unas proteínas conocidas como histonas, evitando su lectura. Estos son los fenómenos que estudia la epigenética.

Estos cambios no son heredables ya que no alteran el ADN, solo si puede o no leerse. En consecuencia, hay cambios físicos en el ser humano que no tienen que deberse enteramente a los genes. De igual forma, no todos los cambios genéticos terminan influyendo a nivel individual.

EL IMPARABLE RELOJ EVOLUTIVO

Comparado con la existencia del planeta Tierra, una vida humana no es ni siquiera un pestañeo. A lo largo de nuestra existencia podemos ser testigos de muchos acontecimientos, pero, desde luego, no entra dentro de nuestras posibilidades apreciar la evolución biológica en toda su magnitud. Quizá por ello se ha llegado a pensar que la evolución en el ser humano se ha detenido o ralentizado. Los avances médicos nos han permitido escapar del destino aciago que nos aguardaba con muchas enfermedades y han alargado increíblemente nuestra esperanza de vida. Pero nada de esto ha parado el motor evolutivo.

La reproducción se sigue dando, los cambios en el ADN se siguen sucediendo, y por mucho que haya avanzado la medicina seguimos muriendo. No olvidemos lo sucedido con la pandemia del coronavirus, el cáncer o la muerte de todas aquellas personas que no tienen acceso a la medicina más avanzada. Pero no es necesario morir para que la evolución continúe. La selección natural sigue otros caminos. Además, no es el único mecanismo evolutivo que existe.

SEGUIMOS CAMBIANDO

La cultura humana, lejos de ralentizar o entorpecer el transcurso evolutivo, ha abierto las puertas a nuevas adaptaciones y a la actuación de la selección natural. Por ejemplo, el consumo de leche que se empezó a dar entre los primeros ganaderos sucedió gracias a que conservaban una proteína propia de los recién nacidos, la lactasa. En consecuencia, con la expansión de la ganadería, las poblaciones que presentaban este gen adquirieron una ventaja a la hora de consumir recursos de sus animales. Otros ejemplos, como los cambios en la coloración de la piel, la resistencia a enfermedades como la malaria o la adaptación a vivir en grandes

alturas, nos muestran también cómo ha actuado la selección natural en muchos grupos humanos.

Pero, como hemos dicho, el ser humano y cualquier otro organismo vivo no solo está condicionado por la selección natural. La selección sexual también determina si los individuos con ciertas características dejan más o menos descendientes. Atributos como los senos femeninos o los cuidados parentales han sido objetivo de este tipo de selección, que ha configurado la morfología y el comportamiento humano. Incluso actualmente aún determina la elección de nuestras parejas.

Todos estos mecanismos actúan a gran escala, pero hay otros que rigen a niveles más restringidos que al de especie, como es el caso de las poblaciones. Estos mecanismos influyen en la genética de los organismos, pero son difíciles de ver en el registro fósil.

Los sherpas tibetanos han desarrollado una adaptación a la altura, igual que los pueblos del altiplano andino.

La migración permite la transferencia de diversas mutaciones entre poblaciones, aumentando así la diversidad. La deriva génica es un proceso que se basa enteramente en el azar. Hay características que, de forma aleatoria, se acaban heredando más que otras y llegan a determinar la genética y aspecto de una población. Sin embargo, este proceso adquiere más fuerza en poblaciones pequeñas donde la diversidad es escasa.

LOS RITMOS EVOLUTIVOS

Ahora que sabemos que los humanos continúan cambiando y evolucionando, queda preguntarnos cómo sucede el cambio. Lo más común es pensar que es un proceso lento, pero continuo. Algo gradual. Y aunque es muchos casos es así, no es siempre inmutable.

El primero de ellos, y el que conforma la base de muchos cambios, es la mutación. La mutación es un cambio espontáneo del ADN. Puede darse por muchas causas, ya sea por radiación o errores en la división celular. De una forma u otra, genera un cambio en el material genético. Normalmente no tiene mucha relevancia salvo cuando la mutación tiene lugar en células reproductoras. Es en este último caso cuando adquiere importancia evolutiva ya que se convierte en heredable. Además, debemos recordar que una mutación no es intrínsecamente mala. Simplemente es un cambio. El entorno dirá si es perniciosa, beneficiosa o no tiene ningún efecto. Sea como fuere, la mutación genera variabilidad. Gracias a ella se activan los otros dos mecanismos: la migración y la deriva génica.

En biología la evolución puede entenderse bajo dos puntos de vista en función del contexto: el gradualismo y el saltacionismo. El primero se corresponde con la evolución más clásica. Cambios que se suceden poco a poco y que, después de millones de años, se van apreciando. El segundo es lo contrario. Establece que los cambios son bruscos y las especies cambian sin pasar por fases intermedias. El saltacionismo explica muy bien cómo funciona el registro fósil. Gracias a esta idea surgió la teoría del equilibrio puntuado, por la cual dos poblaciones separadas acumulan cambios hasta un punto crítico en el que pasan a ser una especie completamente distinta. Esto explica por qué no encontramos fósiles de todas las etapas intermedias del proceso de especiación y cómo cambian las especies a gran escala, incluyendo la humana.

La vida humana en la Tierra es una ínfima parte de la historia de la vida en el planeta. La evolución no solo se aprecia en los millones de años sino en los pequeños cambios que heredamos de nuestros ancestros.

LAS NUEVAS TÉCNICAS DE ESTUDIO DEL SER HUMANO

Hubo un tiempo en el que solo contábamos con fósiles y huesos para averiguar cómo eran nuestros ancestros. Pero la tecnología ha avanzado a un ritmo vertiginoso, ofreciendo nuevas herramientas y técnicas a la paleoantropología. Ahora el conocimiento molecular y la informática nos permiten sacar más información de los yacimientos de la que nunca se hubiera imaginado.

ADN Y PROTEÍNAS

La genética ha supuesto una revolución en el estudio de restos como los pertenecientes a los *Homo* más modernos. Gracias a la extracción del ADN y su secuenciación hemos sido capaces de reconstruir el genoma de especies extintas como los neandertales y de comprobar su parecido con nosotros. También nos ha permitido estudiar la genética de seres vivos actuales, comprobando hasta qué punto estamos emparentados con ellos.

Junto al ADN también hemos visto cómo en el caso de *Homo antecessor* se recurrió a la proteómica, el estudio de las proteínas, para determinar su parentesco. Y es que no solo la forma de los huesos puede ofrecernos información.

ESCANEANDO FÓSILES

En la era virtual no solo se han informatizado libros, canciones o dibujos. También es posible trasladar un resto fósil al mundo digital. Antes, para poder estudiar un fósil determinado era necesario viajar al museo o colección que lo albergaba. Los paleontólogos solían tener que pasar por una extenuante burocracia y largos viajes para poder estudiar el ejemplar en cuestión. Pero eso ha cambiado.

La tecnología 3D ha permitido que se pueda escanear cualquier fósil y hacer una copia virtual del mismo. Esa copia no solo permite tener una réplica por si se perdiera o deteriorase el original, sino que aumenta la accesibilidad a los restos fósiles. Cualquiera que tenga un ordenador y conexión a internet puede ver el fósil desde

El mismo TAC que escanea pacientes en un hospital es de gran utilidad para los paleoantropólogos, que puedan estudiar con él el interior de los fósiles sin dañarlos.

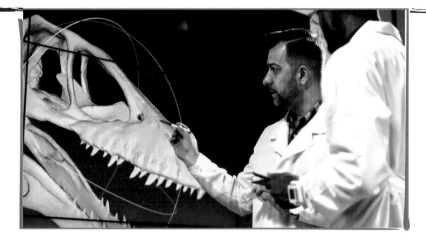

Las nuevas tecnologías como el 3D permiten estudiar réplicas exactas de los restos fósiles como de este dinosaurio sin tener que desplazarse a su lugar de origen y sin el riesgo de deteriorarlos.

todos sus ángulos sin necesidad de viajar a donde se encuentre. Se trata de una herramienta que agiliza, sin duda, la investigación.

De esta manera, se han escaneado colecciones enteras de fósiles formando las llamadas bibliotecas virtuales; muchas de ellas son de dominio público. WitmerLab, perteneciente a la universidad de Ohio, permite a cualquiera observar modelos en 3D de cráneos de dinosaurios y otros vertebrados como el ser humano. AfricanFossils.org es otra web con un enorme compendio de fósiles del este de África, incluyendo los de muchos homininos. Cualquiera puede acceder a estas bibliotecas y a muchas otras más para tener un fósil digital al alcance de la mano. Como estas páginas web existen muchas más que merece la pena explorar. Algunas incluso permiten la impresión en 3D.

Los nuevos estudios se valen de estas novedosas herramientas para analizar la evolución de los

seres vivos. Creando modelos en 3D de los esqueletos de los organismos se han conseguido generar simulaciones por ordenador de sus cuerpos. Esto nos permite manipular modelos y comprobar el movimiento que permiten sus articulaciones. En definitiva, ver cómo se mueven al ensamblar el esqueleto completo. Además, utilizando puntos de referencia (landmarks) en las distintas estructuras anatómicas puede determinarse el proceso evolutivo por el cual se modificó. Así, podemos saber si, en función a esos puntos, una estructura se alargó, acortó, cambió su crecimiento, etc. Otra herramienta muy utilizada es el TAC o Tomografía Axial Computarizada. Suele utilizarse en hospitales, pero resulta muy útil a los paleontólogos para observar el interior de los fósiles y estudiar sus cavidades y estructuras internas.

La computación también ha permitido crear simulaciones poblacionales. Gracias a los algoritmos, existen programas que recrean la reproducción y migración de los seres vivos en función de ciertos valores: la tasa reproductiva, la supervivencia, la distancia recorrida por cada individuo, etc. Estos programas han sido de gran ayuda a la hora de determinar las rutas más probables que recorrieron las distintas especies de homininos.

Cráneos de homininos en el Museo de Geología de Rutgers.

LOS ÚNICOS HOMO EN EL PLANETA TIERRA

La Tierra ha sido el hogar de una gran cantidad de criaturas que ya no existen. Entre ellas se encuentran, sin duda, todos nuestros primos homininos. Es la poda evolutiva del gran árbol familiar que forma este grupo. Todas las ramas de los homininos se han extinguido; hoy solo sobrevive una: *Homo sapiens*. La nuestra es la única especie viva del género *Homo* sobre la faz de la Tierra.

¿POR QUÉ SOLO QUEDAMOS NOSOTROS?

Los homininos han sido un taxón con multitud de especies distintas. Tantas que no hemos podido ocuparnos de todas en este libro. El ser humano solo es una más entre todas ellas. De hecho, nuestra especie ha pasado gran parte de su existencia conviviendo con otras especies de homininos. Hemos llegado a coexistir con un total de seis taxones distintos de *Homo*: *Homo erectus*, *Homo heidelbergensis*, *Homo naledi*, *Homo floresiensis*, *Homo neanderthalensis* y los denisovanos. Muchos de ellos nos igualaban en capacidades cognitivas y destreza a la hora de fabricar herramientas, pero acabaron extinguiéndose y nosotros, no. ¿Por qué?

Por una parte, debemos tener en cuenta que los humanos hemos sido siempre grandes competidores por los recursos. La presión que ejercimos sobre las poblaciones neandertales podría haber contribuido a su extinción. Sin embargo, es difícil señalar a los humanos como única causa de la desaparición de sus congéneres. Al fin y al cabo, suelen ser los cambios ambientales los que provocan un mayor estrés para las especies, empujándolas a su extinción.

Por otro lado, las interacciones con otros organismos son de gran importancia en el marco evolutivo. Con tal de conservar un lugar bajo el sol en la cadena trófica, los seres vivos van adquiriendo nuevas adaptaciones. Por ejemplo, si una presa desarrolla defensas formidables, los cazadores que presenten rasgos que permitan sobrepasar dichas defensas se verán beneficiados. En definitiva, los súbditos del reino animal se mantienen en constante cambio para conservar su posición. Esta idea se conoce como la hipótesis de la Reina Roja. Una referencia a la reina de *Alicia en el País de las Maravillas* que «corría para estar en el mismo sitio». Pudiera ser que los humanos nos hubiésemos visto atrapados por el influjo de este fenómeno cuando nos encontramos con otras especies hermanas y otros animales.

Pero sin duda una de las razones más importantes por la que *Homo sapiens* perduró frente al resto es su capacidad de intercambio genético. A diferencia

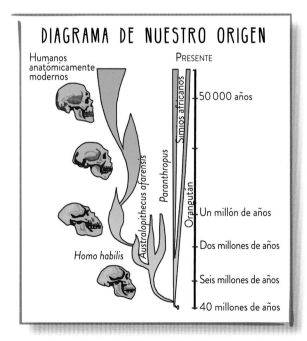

DIAGRAMA DE NUESTRO ORIGEN

Humanos anatómicamente modernos

PRESENTE

Simios africanos

Australopithecus afarensis

Paranthropus

Orangután

Homo habilis

50 000 años

Un millón de años

Dos millones de años

Seis millones de años

40 millones de años

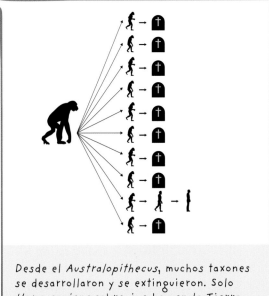

Desde el *Australopithecus*, muchos taxones se desarrollaron y se extinguieron. Solo *Homo sapiens* sobrevive hoy en la Tierra. Debajo, comparación en 3D de *Homo erectus* y *sapiens*.

gracias a la conexión entre las distintas poblaciones causada por las migraciones. En definitiva, parece ser que la reproducción humana jugó un papel muy importante en nuestro éxito.

Pero no solo nos vimos beneficiados por la hibridación. El intercambio y la mezcla entre las culturas fue otro factor importante. Es esa capacidad de intercambio, tanto biológico como cultural, lo que ha permitido a la humanidad prosperar hasta nuestros días y sobrevivir donde otras no han podido, favoreciendo enormemente nuestra capacidad de adaptación a los distintos entornos y propiciando la generación de sistemas sociales diversos y la adopción de novedades tecnológicas.

No obstante, no debemos olvidar que la extinción no es un fracaso. Todos los seres vivos mueren. Las especies no son una excepción. *Homo sapiens* también desaparecerá del planeta en algún momento. Sin embargo, queda por ver cuánto durará o si de él surgirán otras especies.

¿OTRO HOMO CON NOSOTROS?

Es difícil predecir cómo hubiera sido nuestro mundo actual junto a otra especie de *Homo* como los neandertales. Hubo un tiempo en el que convivimos, pero saber cuáles eran exactamente nuestras relaciones y lo que pensábamos los unos de los otros sigue siendo un misterio, aunque no debimos de ser tan diferentes si llegamos hibridar con ellos.

De hecho, es posible que ninguna otra especie pueda llegar al punto al que hemos llegado los humanos. Quizás este planeta solo tenga espacio para una única especie de nuestras características, increíblemente desarrollada tanto tecnológica como culturalmente. Hemos convertido el planeta que habitamos –un lugar inabarcable para cualquier grupo humano hasta hace muy poco– en un enorme nicho ecológico del que nos hemos apropiado en su totalidad, ejerciendo un control férreo sobre todos sus recursos y ecosistemas. Ninguna especie ha conseguido alterar la Tierra en el mismo grado que lo hemos hecho nosotros.

de otras especies, la nuestra ha hibridado con éxito con muchas otras. En consecuencia, adquirió una mayor diversidad genética y quizá nuevos rasgos que ayudaron a su futuro éxito. Además, el ser humano antiguo estaba, en parte, fusionándose con otras especies. En su genoma preservó el legado biológico de especies desaparecidas, evitando su extinción completa. Ejercimos y, por el momento, seguimos ejerciendo, el papel de cápsulas del tiempo de nuestras especies hermanas desaparecidas. Esta diversidad genética adquirida pudo traspasarse al resto de la especie humana,

MODELADORES DEL PAISAJE

A la hora de enfrentarse a entornos desfavorables, los animales disponen de diversas estrategias. Pueden permanecer en esos lugares buscando zonas concretas que sí presentan los recursos que necesitan para subsistir o bien, simplemente, pueden migrar a mejores territorios.

Otra opción es la de transformar dichos entornos con el objetivo de que se vuelvan habitables e incluso prósperos. Las hormigas y los castores son algunos ejemplos de animales que modifican el medio con el fin de cubrir sus necesidades. Sin embargo, ninguna especie animal ha llegado a las magnitudes en esta modificación que ha provocado *Homo sapiens*. Un agente «natural» que en poco tiempo ha sido capaz de alterar el ecosistema de regiones enteras y, hasta incluso, de cambiar el clima global.

ESPECIE INGENIERA

Los humanos podrían catalogarse como una especie ingeniera. Junto con otros organismos, como los castores o los árboles, los humanos modificamos el entorno determinando el destino de los recursos disponibles y la vida de las otras especies que viven en él. Ya desde nuestros orígenes hemos sido un gran poderoso agente de cambio

en los distintos ecosistemas. Como cazadores, hemos dado muerte a multitud de presas, la mayoría de ellas herbívoros de gran tamaño, como bisontes o mamuts. De hecho, se culpa a *Homo sapiens* de la extinción de muchas de ellas, por acción directa y por el gran impacto que ejerció sobre los ecosistemas en los que vivían aquellas criaturas. El que haya un menor número de grandes herbívoros afecta a todas las demás especies del ecosistema que interactúan con ellos. Los depredadores pierden un tipo de presa disponible, las plantas no dispersan sus semillas igual, los insectos, como los escarabajos peloteros, ven reducida su comida, etc. Es algo similar al llamado «efecto dominó». Si cae una pieza, muchas otras le siguen o se resienten.

Con la llegada de la agricultura, los humanos comenzaron a modificar el suelo. Los terrenos cultivados iban expandiéndose cada vez más y más, robando espacio a las especies salvajes y provocando la deforestación. El impacto ecológico no quedaba ahí; además, el suelo se alteraba. Como el conocimiento agrícola era escaso, los suelos se empobrecían y se erosionaba enormemente la tierra, deteriorando el paisaje. Las nuevas técnicas que llegaron posteriormente permitieron producciones más sostenibles con abonos o rotación de cultivos, pero no por ello estuvieron exentos de impacto. Tanto es así que se puede observar la huella de la agricultura en el registro geológico. Aparecen pequeños estratos con grandes cantidades de polen

Réplica del esqueleto y el aspecto externo de un mamut lanudo en el Museo de Historia Natural de Shangai. El mamut fue uno de los animales que sucumbió ante el exceso de caza humana.

Suelos «antropocénicos» con capas de desechos. Los plásticos generan un deterioro salvaje del paisaje.

de las plantas que cultivamos marcando una diferencia con otros estratos más antiguos. Estos estratos inferiores contrastan porque presentan el polen de especies silvestres o pertenecientes a bosques en contraposición a las variedades domésticas. La ganadería también ha dejado marca, cambiando la distribución de las plantas y generando praderas. A esto se une el uso del fuego que utilizamos los humanos para despejar terrenos de pastoreo. Así se convertían los grandes bosques en praderas o bosques abiertos.

El aumento de la población humana no ha hecho más que acrecentar dicho impacto ecológico, llegando a alterar ciclos globales como el del carbono, nitrógeno o fósforo como consecuencia de la actividad industrial y la producción masiva humana actual.

EL TIEMPO DE LOS HUMANOS

La influencia humana ha llegado a tal nivel que muy pocos ecosistemas están libres de ella. Los ecosistemas suelen estar conectados unos con otros, por lo que la intervención en uno de ellos puede suponer la alteración de muchos otros. Este fenómeno no es necesariamente negativo. Durante generaciones los seres humanos han buscado nutrirse de la tierra de una forma que les ayudase a mantener a las futuras generaciones. El impacto ecológico es una consecuencia prácticamente inevitable de la extracción de recursos.

El problema de todos estos cambios continuos y de cada vez mayor intensidad es que se perpetúan en el entorno. De esta forma, modifican para siempre la apariencia y la ecología del espacio natural. La desertización, la salinización de los suelos, la deforestación, la extinción de especies... Todo ello ha contribuido a modelar los paisajes que vemos hoy en día. Paisajes creados y mantenidos por la acción del ser humano y de los que otras especies también dependen.

Tal es la influencia del ser humano sobre el planeta que se debate la posibilidad de que estemos antes

Fotografía aérea de la selva tropical en Borneo (Malasia) en la que se observa la deforestación para utilizar el terreno como zona de cultivo de palma de aceite.

El ser humano ha transformado el planeta a través de la agricultura, ganadería, industria... En la imagen, carreteras que atraviesan el Atlas, en Marruecos.

una nueva época geológica: el «Antropoceno». El motivo de este debate se basa en que el impacto global sobre los ecosistemas que ha llevado a cabo el ser humano ha dejado su huella en los estratos. A pesar del poco tiempo que llevamos en el planeta, hemos dejado marca entre las rocas. Ejemplos de ello serían los grandes depósitos de escoria o residuos dejados por la minería u otras fábricas, el polen de los cultivos, los isótopos radiactivos por residuos o bombas nucleares, etc. Por ello, actualmente, la Comisión Internacional de Estratigrafía está investigando qué punto del planeta se utilizará como referencia para definir esta nueva época geológica. Un clavo de oro se coloca en los estratos que mejor representan un periodo o época geológica en el mundo. Por ejemplo, Zumaia (País Vasco) cuenta con dos de ellos y es un referente internacional en los estratos posteriores a la extinción del Cretácico. Es posible que pronto tengamos una propuesta para este nuevo evento en la historia de la Tierra, aunque todavía se debate sobre su validez.

LA SEXTA EXTINCIÓN

La extinción es la desaparición total de una especie. Al igual que toda vida tiene como destino la muerte, toda especie nueva acaba inevitablemente por extinguirse. Es una realidad que se da de forma constante, y que se conoce como extinción de fondo. Sin embargo, en la historia de la Tierra ha habido momentos en los que esa extinción de fondo ha pasado a primer plano y se ha convertido en protagonista. Normalmente, la extinción se compensa gracias a la especiación, del mismo modo que los nacimientos compensan las defunciones en el campo de la demografía.

Pero en estos acontecimientos extraordinarios las tasas de extinción se disparan, desapareciendo taxones enteros. Estos fenómenos se conocen como extinciones masivas, de las que en la Tierra ha habido un total de cinco. Contando desde la aparición de los primeros animales hasta hoy, Ordovícico, Devónico, Pérmico, Triásico y Cretácico fueron los periodos en los cuales sucedieron. La más famosa es la última, ya que en ella tuvo lugar la extinción de los dinosaurios no avianos. Pero la mayor, sin duda, fue la de finales del Pérmico. Más del 80 % de las formas de vida de la época desaparecieron para siempre hace 250 m. a.

La extinción del Cretácico no será la última. De hecho, es muy probable que la próxima extinción masiva esté mucho más cerca de lo que creemos.

LA SEXTA EXTINCIÓN MASIVA DE LA TIERRA

Cuando oímos hablar de extinciones masivas evocamos imágenes de volcanes en erupción, animales corriendo, meteoritos... La Tierra convertida en un infierno. Pero la realidad no es así. No hay que confundir una extinción masiva con la mortalidad en masa. No es lo mismo que muchos ejemplares mueran a la vez en un punto a que se extinga su especie. Todos los años los ríos de África se llenan de cadáveres de ñus. Al igual que los ríos de las latitudes septentrionales se saturan de cuerpos de

salmones muertos al desovar. Pero no por ello estas especies desaparecen. La extinción es un proceso mucho menos visual y que sucede bajo el estrés de cambios en el ambiente provocados por vulcanismo, meteoritos, glaciaciones, bajadas o subidas del nivel del mar... Todos ellos aspectos que alteran el clima y la supervivencia de las especies.

Bajo esta premisa, actualmente nos encontramos ante la sexta extinción masiva que ha sufrido la Tierra. La tasa de extinción actual es 100 veces mayor a la que se da en la extinción de fondo, y los causantes somos nosotros. Conocemos casos como el dodo o el tilacino, pero no solo están desapareciendo especies de vertebrados. De hecho, ellas son las minoritarias. Está teniendo lugar algo mucho más peligroso e invisible. La distribución de la biomasa está cambiando. Dentro de los mamíferos, los animales salvajes constituyen un 4 % de toda la masa del grupo, mientras que el 60 % está constituida

Reconstrucción de un pájaro dodo que vivió en isla Mauricio y se extinguió a finales del siglo XVII, y arquetipo del animal extinto por la acción humana.

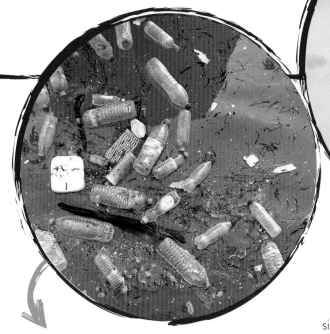

El plástico acumulado en los océanos ha destrozado el hábitat de multitud de especies y ha llegado a nuestra red trófica.

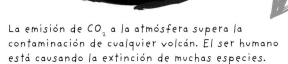

La emisión de CO_2 a la atmósfera supera la contaminación de cualquier volcán. El ser humano está causando la extinción de muchas especies.

por el ganado doméstico y el 36 % restante, por humanos. Estos cambios no solo han llevado a la extinción de vertebrados reconocibles, sino al decrecimiento de especies mucho más importantes como corales, esponjas, plancton marino, etc. De hecho, uno de los grupos más perjudicados actualmente son los insectos. Nos parecen molestos, plagas, pero a menudo ignoramos que por sí solos tienen más especies que el resto de animales juntos, y que son agentes clave en los ecosistemas tanto en la polinización, depredación o como alimento para muchos otros organismos; incluso influyen en el paisaje.

El descenso de las poblaciones de insectos es alarmante. En Alemania se calcula que su biomasa se ha visto recudida en un 76 % en 26 años y en zonas tropicales como Puerto Rico entre el 75 y el 98 % en 35 años. Datos extremadamente preocupantes teniendo en cuenta el importante papel ecológico de estas criaturas que no solo mantienen los ecosistemas silvestres sino los propios cultivos de los que dependemos.

AGENTES DE EXTINCIÓN

Las extinciones masivas suelen producirse por una serie de factores que al actuar al unísono generan un gran estrés en los organismos del planeta. Ese estrés añadido no solo merma su capacidad de adaptación,

sino que lleva a muchas especies a su desaparición. De hecho, una extinción masiva no solo se mide en la cantidad de ramas del árbol evolutivo que se podan. También influye la importancia que esos grupos tenían en el ecosistema. No es lo mismo quitar el tejado de un edificio que los cimientos.

Los humanos hemos actuado como poderosos agentes de cambio. Tanto es así que hemos igualado fenómenos de la magnitud de cambios climáticos globales. De hecho, hemos llegado a superar a los propios volcanes en producción de CO_2. A pesar de que muchas extinciones masivas han estado ligadas a ellos, estos fenómenos se correspondían con raros eventos de vulcanismo masivo. Normalmente, los volcanes entran en erupción de forma esporádica, sin mayores perturbaciones para el entorno. Pero los humanos producimos al año, de forma constante, toneladas y toneladas de CO_2 que termina en la atmósfera. Hemos puesto en circulación carbono que llevaba millones de años atrapado en la tierra.

No solo eso, sino que los residuos que producimos han generado un gran impacto ecológico. Por ejemplo, el plástico no solo ha invadido los océanos, sino que se ha abierto camino por las cadenas tróficas hasta llegar a nosotros. Nos estamos contaminando a nosotros mismos. Todo esto junto con la fragmentación de hábitat, las especies invasoras, la sobrepesca, deforestación, desertización... han llevado al planeta a la situación actual. Somos los causantes de la única extinción masiva que ha sido provocada por una única especie animal en el planeta.

NUESTRO PAPEL EN LA TIERRA

La inteligencia es un aspecto más que las especies pueden adquirir en su evolución. Es un rasgo que a muchas les resulta beneficioso a la hora de sobrevivir en sus entornos gracias a la mayor capacidad para solventar problemas que procura. Pero recordemos que la evolución no tiene una meta: la existencia de especies inteligentes en nuestro planeta no es más que uno de los caminos que ha explorado la evolución.

La humanidad ha creado civilizaciones complejas gracias a la evolución cultural y a su inteligencia innata. Pero estamos aquí del mismo modo que podríamos habernos extinguido junto con otras muchas especies de homininos. Y aun así, a pesar de haber llegado tan lejos, solo somos una especie más en este planeta. No vivimos al margen de la naturaleza, seguimos unidos a ella.

UN ENGRANAJE MÁS

Los humanos generamos un gran impacto en nuestro entorno. Dicho impacto ha supuesto en numerosas ocasiones la desaparición de especies o la pérdida de biodiversidad. Pero no siempre tiene que ser así.

Según avanzábamos en las técnicas agrícolas y ganaderas, aprendimos a hacer un uso más sostenible de la tierra. Los primeros agricultores eran extremadamente vulnerables a la hambruna, ya que dependían del suelo y el clima para que sus cosechas salieran adelante. De este modo, el conocimiento que desarrollaron estas personas fue aumentando y comenzaron a modificar el paisaje de manera que se asegurasen de que les daría siempre de comer.

Así, se creó una relación entre el ser humano y la naturaleza en la que él era una pieza más dentro del ecosistema. Por ejemplo, las dehesas son ecosistemas artificiales creados por la acción humana ante la necesidad de alimentar al ganado y extraer recursos de las plantas. Sin embargo, albergan una gran biodiversidad, que se mantiene por la acción humana tradicional de este ecosistema mediterráneo tradicional. Otro ejemplo cercano son las acequias. Las acequias son canales que se construyen para desviar parte del agua de un río hacia los cultivos. Cuando estas acequias están excavadas en la tierra, nutren de agua las zonas por las que pasan. En consecuencia, el agua atrae a especies animales y vegetales aumentando la biodiversidad. Y no solo eso, sino que origina un rico ecosistema que favorece el crecimiento de los cultivos cercanos al obtener nutrientes, insectos polinizadores y un entorno más estable.

Pero el mejor ejemplo de cómo el ser humano es parte de los ecosistemas son las ciudades. Aunque no lo parezca, las ciudades y pueblos cuentan con especies que se asientan y viven en ellos: palomas, gorriones, ratas, halcones, pinos, etc. Los ecosistemas urbanos son una nueva área de estudio que demuestran que el ser humano no vive separado de la naturaleza. Sigue siendo, y siempre lo será, parte de ella.

Paisaje de dehesa en Extremadura, España. Se trata de un ecosistema creado por el ser humano y sin embargo, sostenible.

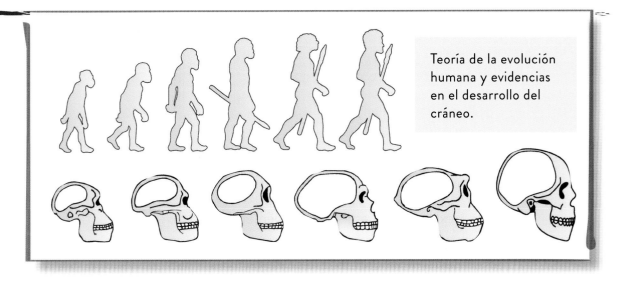

Teoría de la evolución humana y evidencias en el desarrollo del cráneo.

Por ello, se ha acuñado el término «socioecosistema» para referirse a un sistema de relaciones complejas entre organismos, sus entornos físicos y la interacción que el ser humano establece con todos ellos.

¿SOMOS UN PROBLEMA?

Los problemas surgidos de la sexta extinción han puesto de manifiesto la gran influencia que tenemos sobre los ecosistemas de la Tierra. Lejos de ser ajenos a ellos, somos la clave en todos ellos. Es más, la pérdida de biodiversidad nos afecta directamente. Dado que obtenemos recursos de los ecosistemas, cuanto más sanos estén, mejor. Y esto nos debe llevarnos a tomar conciencia de cómo todos los organismos, por pequeños que parezcan, tienen un papel y una conexión importante con nosotros.

Actualmente, se están volviendo a estudiar las técnicas tradicionales de la agricultura y el pastoreo en busca de ese equilibrio ecológico que nuestros antepasados encontraron con el resto de organismos. Conocimiento tradicional y moderno se están uniendo con el fin de solventar los problemas actuales. Los cultivos intensivos que ocupan hectáreas enteras con la misma especie han provocado la desaparición de terrenos como las dehesas. Se trata de áreas con un rico ecosistema que producen gran variedad de bienes y, si se gestionan correctamente, nos dan lo que necesitamos.

Comprender cómo funcionan nuestras relaciones con el entorno es crucial. Las extinciones masivas suponen un trauma para toda la fauna y la flora de la Tierra. Una vez que cambiemos de fase, no podremos volver atrás. El futuro dirá si el nuevo equilibrio alcanzado supondrá una pérdida de la biodiversidad que tenemos ahora.

La canalización artificial de agua de una acequia crea un ecosistema rico.

Por inaccesible que parezca, la ciudad genera su propio ecosistema en el que animales como gorriones y palomas conviven con nosotros.

EL FUTURO
DE LA HUMANIDAD

La humanidad está viviendo una situación en la que se acercan desafíos completamente nuevos. Muchos de ellos son consecuencia de la gestión de recursos y su impacto en los ecosistemas de la Tierra. Actualmente, existe una preocupación creciente por tres problemas principales: la escasez de agua potable, la crisis energética y la pérdida de biodiversidad.

El agua es un recurso indispensable para la vida. Toda nuestra producción gira en torno a ella, desde la agricultura o ganadería intensiva hasta la fabricación de un sinfín productos. Como resultado, el consumo de agua se ha disparado, drenando y alterando manantiales y acuíferos. Pero este no es el único problema. Gran parte del agua dulce que queda se está contaminando por residuos orgánicos y químicos, con lo que aumenta el riesgo de enfermedades en la población o la inaccesibilidad de la misma. De hecho, en muchos países ya viven con una escasez preocupante de este recurso durante todo el año. Se genera así una desigualdad económica importante entre las zonas que poseen recursos con aguas limpias y potables frente a los que no los tienen. Pero la falta de agua no solo aboca a un decrecimiento económico, sino que merma enormemente la calidad de vida. Se hace imprescindible la puesta en marcha de una mejor gestión de este recurso vital. Un ejemplo es limitar la agricultura de regadío a zonas que verdaderamente tengan suficiente agua y fomentar el secano en las que sean más áridas. Los trasvases son otra opción que permitiría suplir las necesidades de agua de ciertas zonas.

Otra incógnita a la que nos enfrentamos es la crisis energética que está por venir. La dependencia de los combustibles fósiles ha provocado la liberación de un gigantesco volumen de gases de efecto invernadero que está originando un cambio climático «artificial»; por otra parte, pende sobre nosotros la espada de Damocles del agotamiento de estos recursos.

Además, ninguna energía está libre de impacto ecológico. Pensemos únicamente en el daño que causan a las aves los aerogeneradores o el terreno que ocupan las placas de energía solar. No obstante, las energías renovables y nucleares suponen una opción prometedora para abastecer a la población humana del futuro evitando las emisiones de CO_2. Con todo, necesitaremos configurar sociedades que tomen conciencia de la magnitud de la demanda energética y actuar en consecuencia bajo una mayor eficiencia.

A todo esto hay que añadir la crisis en la biodiversidad del planeta, frente a la cual se desarrollan numerosos programas de conservación tanto en zoológicos como en los hábitats naturales de las especies.

El esfuerzo científico y nuestro apoyo hacia él van a ser determinantes para poder afrontar estas crisis; es imprescindible adoptar un enfoque multidisciplinar, con expertos en distintas materias. Solo así se podrán sobrellevar estos problemas que se agravarán cada vez más con el cambio climático.

¿LLEGAREMOS A LAS ESTRELLAS?

Frente a la escasez de recursos que atisbamos, una de las posibilidades es colonizar otros planetas. La exploración espacial ha conseguido grandes avances en los últimos años. Las misiones Apolo y Luna, la Estación Espacial Internacional, la exploración de Marte, la llegada de la sonda Rosetta al cometa 67P/Churiumov-Guerasimenko, el paso por Plutón de la New Horizons, las fotos de la superficie de Venus de Venera 9 o la salida del Sistema Solar de la Voyager 1 son ejemplos de hasta dónde hemos llegado en nuestro esfuerzo de viajar a las estrellas. Pero aún nos queda mucho por aprender y explorar. El universo es inmenso y, de momento, solo existe un planeta del que sepamos con certeza que podemos respirar y vivir. La Tierra es nuestro hogar y su destino está en nuestras manos. La ciencia seguirá avanzando y el futuro dirá si tendremos un hueco más dentro del cosmos.

Los grandes problemas a los que nos enfrentamos, como la escasez de agua, el cambio climático o la pérdida de especies animales están en realidad en nuestras manos.

ADIVINANDO EL FUTURO

¿Cómo será la Tierra en el futuro? ¿En qué dirección evolucionaremos los humanos? Son preguntas con una difícil respuesta. Como sistemas complejos y cambiantes que somos, tanto la Tierra como los humanos, es casi imposible predecir con exactitud qué cambios sufriremos dentro de miles o millones de años. Sin embargo, muchos han intentado contestar estas preguntas de forma hipotética. Es aquí donde surgen obras donde la ficción y el conocimiento evolutivo se fusionan, dando lugar a lo que se conoce como evolución especulativa. La evolución especulativa supone utilizar la biología evolutiva como una base sobre la que diseñar criaturas o mundos. Su objetivo es intentar recrear organismos desde una perspectiva realista aportando ideas interesantes desde el punto de vista intelectual y artístico. Así, se desarrollan relatos en los que artistas y científicos vuelcan sus ideas en un esfuerzo por entender qué aspecto podríamos tener nosotros y la Tierra en el futuro.

En algunos de estos relatos el ser humano se extingue mientras el resto del planeta continúa su camino, como se plantea en *After Man: A Zoology of the Future* de Dougal Dixon. En otros trabajos, partiendo de una Tierra contaminada, los humanos exploramos el cosmos y nos encontramos con criaturas alienígenas como nos ilustra Wayne Barlowe en *Expedition*. También se aborda el aspecto que podría tener la humanidad en el futuro en obras como *All Tomorrows* de C. M. Kosemen o *Man After Man* de Dixon. A todos estos autores les guía el interés por conocer cómo podrían ser los humanos y la Tierra dentro de cientos o millones de años en el futuro más profundo.

EL AHORA DE NUESTRA ESPECIE

El *Homo sapiens* no es más que el extremo de una de las muchas ramas del enorme árbol de la vida en la Tierra. Siendo mamíferos, nuestros primeros ancestros aparecieron a finales del Triásico y convivieron durante millones de años con los dinosaurios. Más tarde, se diversificaron y la extinción del Cretácico les ofreció la oportunidad de cobrar una mayor importancia en los ecosistemas del planeta. De ahí surgieron los primates, un taxón especializado en la vida en los árboles. De ellos nacieron los homínidos dando lugar a algunas de las especies más inteligentes, entre ellos, un grupo que adoptó la marcha bípeda: los homininos.

Sería en África donde estas especies cobrarían importancia. La evolución dio origen a numerosas variantes de estos animales polivalentes, capaces de vivir tanto en tierra como en los árboles. Poco a poco, su adaptabilidad se hizo patente y África sería la cuna de un nuevo género: *Homo*.

El género *Homo* floreció en África dando un amplio testimonio del uso de herramientas y, por primera vez, del aprovechamiento del fuego. Pero este grupo comenzó a crecer en número y se expandió. Así, salió del continente, y se abrió a otros espacios, como hizo *Homo erectus*.

Numerosas especies nacieron por todo el mundo, entre ellas, la nuestra: *Homo sapiens*. Lo hizo también en África, donde habían surgido todas las demás. Finalmente, la humanidad comenzó a abandonar este continente, migrando y colonizando el mundo entero. En su camino, los *sapiens* se encontraron con otras especies hermanas con las cuales hibridaron. Con nosotros llevamos el legado genético de estas especies, como es el caso de los neandertales.

Finalmente, *Homo sapiens* prosperó y se convirtió en la única especie de *Homo* del planeta tras la extinción de todas las demás.

UNA ESPECIE CULTURAL

La biología no ha sido el único factor que ha determinado nuestro destino. La cultura tiene gran peso en nuestras sociedades y el conocimiento transferido de generación en generación ha permitido que se alcancen grandes logros tecnológicos y sociales. Primero empezamos «fabricando» a golpes unas toscas herramientas de piedra que muestran una progresión constante a lo largo del tiempo, refinándose cada vez más. Estas herramientas aportaron una gran ventaja en la caza y permitieron la mejora en la obtención de recursos de nuestros ancestros.

Las propias sociedades se fueron modificando también. Se conformaron grandes grupos de individuos que tenían fuertes lazos entre ellos. Esa unidad fue lo que les ayudó a sobrevivir frente a las cambiantes condiciones que encontraban en cada territorio nuevo al que llegaban. Los humanos ya habían demostrado con creces ser criaturas extremadamente adaptables cuando, más tarde, su población creció y comenzó a asentarse.

La agricultura y ganadería volvieron a cambiar por completo las relaciones sociales y la extracción de recursos. Ahora el foco de atención se encontraba en las familias, y en los cultivos y animales domésticos. Se formaron los primeros poblados y se generaron culturas cada vez más complejas, llegando a la diversidad que tenemos actualmente y que hemos visto a lo largo de la historia de la humanidad.

LO IMPORTANTE

A lo largo de este libro hemos estudiado al ser humano durante todo su desarrollo. Hemos visto multitud de aspectos de nuestra especie y de muchas otras, y hemos visualizado cómo ha transcurrido la evolución, tanto biológica como cultural. Sin duda, el conocimiento que hemos adquirido sobre nuestra historia ha cambiado enormemente a lo largo del tiempo. No siempre se ha abordado la paleoantropología desde el mismo enfoque. Nunca ha dejado de haber un sesgo, desde las ideas creacionistas, que negaban la idea de que

fuésemos una criatura más del mundo natural, hasta la «invención» de las razas humanas.

Pero la ciencia progresa, al igual que las sociedades. Todo lo expuesto en esta obra es resultado de un esfuerzo por mostrar el estado de los conocimientos sobre la evolución humana de la manera más actualizada y precisa posible. Por el camino, hemos aclarado malentendidos comunes, como la permanencia del neolamarckismo, o la importancia del desarrollo en la evolución de los organismos. También hemos comprendido cómo se aborda el estudio de los fósiles y cómo se aplica la más novedosa tecnología con el fin de ahondar aún más en los misterios de nuestros orígenes. Hasta hemos derribado mitos; algunos de ellos son el prejuicio hacia otras especies, como los neandertales, el pobre papel de las mujeres en la Prehistoria o la existencia de las razas.

Además, hemos aprendido cómo funcionan nuestras sociedades, de qué forma nos juntamos en grupos familiares, elegimos pareja, crecemos, hablamos... También hemos visto cómo sucede la domesticación y cómo desde este punto transitamos hacia la agricultura, la ganadería y el nacimiento de las civilizaciones. Ha sido un largo trecho a lo largo de la historia del planeta centrándonos en nosotros, en nuestra especie, y nuestro rol en él.

Pero nada es inamovible. Muy probablemente, nuevos descubrimientos saldrán a la luz y se volverán a tambalear muchas de las ideas que damos por seguras. Parte de la información que aporta este libro se reformulará. Pero hasta entonces seguiremos estudiando el viaje evolutivo de *Homo sapiens*, acercándonos cada vez más al conocimiento sobre de dónde venimos y a dónde vamos.

Desde nuestros ancestros mamíferos que aparecieron a finales del Triásico hasta la aparición del género Homo y su evolución técnica y cultural, han transcurrido millones de años. Nosotros, los únicos Homo supervivientes, somos responsables de lo que dejaremos atrás.

LA CIENCIA ES DINÁMICA, NUNCA ESTÁ QUIETA. Los científicos trabajan continuamente por todo el globo y cada día suceden nuevos estudios y descubrimientos. La paleoantropología no es una excepción. Mientras se redactaba este libro, se han hecho nuevos hallazgos sobre nuestros ancestros.

El 25 de junio de 2021 se publicó en *Cell* un nuevo descubrimiento muy peculiar. En el noroeste de China, en Harbin, se ha encontrado un cráneo prácticamente intacto de *Homo* con un volumen craneal idéntico al de un humano moderno. No obstante, presenta características propias de especies más antiguas que la nuestra. Este cráneo perteneció a un hombre de unos 50 años y tiene 146 000 años de antigüedad. El gran tamaño parece darnos una pista de posibles adaptaciones de esta población humana a las frías condiciones de la China del Pleistoceno medio. Aunque aún no se puede asegurar que estemos ante una nueva especie, ha recibido el nombre extraoficial de *Homo longi*, **el hombre dragón.**

Estos nuevos restos presentan un gran parentesco con otros muchos restos chinos de similares características. Esto demostraría un parentesco cercano entre todos ellos. Pero la sorpresa no acaba ahí, y es que al ver la posición de todos estos individuos en el árbol familiar humano los investigadores proponen que todos ellos podrían ser más cercanos a nosotros que los propios neandertales. Nuestro verdadero grupo hermano. De ser así, el papel de Asia en la evolución de nuestra especie cobraría una mayor importancia. De hecho, nos podría dar una idea de nuestra conexión con los denisovanos pues alguno de estos restos chinos se han atribuido a este misterioso grupo humano. Sea como fuere, los expertos siempre advierten de tomar estas noticias con cautela. Serán necesarios un mayor número de estudios para esclarecer nuestra relación con estos nuevos huesos.

Lo que si podemos asegurar es que, una vez más, tenemos indicios de la coexistencia de nuestra especie con una gran diversidad de otros grupos humanos. Y que, sin duda, hubo una importante dispersión humana hacia Asia.

En la misma fecha, también se dieron a conocer otros restos israelíes de gran importancia en la revista *Science*. En el yacimiento de la cantera de Nesher Ramla, datado entre los 140 000 y los 120 000 años, se han hallado herramientas y fragmentos de un cráneo muy peculiar. Tiene características propias de neandertal mezclado con otros rasgos más primitivos. Las herramientas, a su vez, tienen un grado de sofisticación comparable al de los neandertales o los humanos modernos. Los estudios genéticos y morfológicos apuntan a que estamos ante una nueva población de **Homo en Oriente Próximo**, una cercanamente emparentada con los neandertales. Es más, es posible que estos restos evidencien a los antecesores mismos de los neandertales y los denisovanos, que posteriormente se expandieron por Europa y Asia, respectivamente.

Los neandertales se habían considerado tradicionalmente como un linaje típicamente europeo, pero nuevas evidencias tambaleaban esta idea. Estos restos soportan la hipótesis de que su distribución era mucho mayor y que el origen del grupo puede que no se encuentre en Europa. Además, los hallazgos de Nesher Ramla demuestran que Oriente Próximo fue una zona de paso muy transitada, un corredor migratorio en el cual sucedieron intercambios genéticos entre distintos *Homo*. De ser así, la mezcla entre neandertales y sapiens fue mucho más antigua de lo que se pensaba en un principio. Y aún conservamos parte de esta historia en nuestro propio ADN heredado de todas aquellas generaciones.

En el futuro, muy probablemente sucederán nuevos descubrimientos que nos hagan replantear por completo aspectos que dábamos por sentado de la evolución humana. Solo queda analizar los datos y estar abiertos a nuevas hipótesis. Porque al igual que la historia humana ha estado sembrada de cambios, nosotros mismos debemos adaptarnos a las nuevas ideas que el futuro nos plantee.

BIBLIOGRAFÍA

Agustí, J. 2018. Evolution of the 'Homo' genus. New mysteries and perspectives. *Mètode Science Studies Journal*. 8: 71-77.

Antón, S.C., Potts, R, y Aiello, L.C. 2014. Evolution of early *Homo*: An integrated biological perspective. *Science*. 345(6192): 1236828-1-1236828-13.

Alba, D.M., Almécija, S., DeMiguel, D., Fortuny, J., Pérez de los Ríos, M., Pina, M., Robles, J.M. y Moyà-Solà, S. 2015. Miocene small-bodied ape from Eurasia sheds light on hominoid evolution. *Science*. 350(6260): 528.

Betti, L., Balloux, F., Amos, W., Hanihara, T. y Manica, A. 2009. Distance from Africa, not climate, explains within-population phenotypic diversity in humans. *Proc. R. Soc. B*. 276: 809-814.

Bobe, R., Behrensmeyer, A.K. y Chapman, R.E. 2002. Faunal change, environmental variability and late Pliocene hominin evolution. *Journal of Human Evolution*. 42: 475-497.

Ceballos, G. & Ehrlich, P.R. 2018. The misunderstood sixth mass extinction. *Science*. 360(63930): 1080-1081.

Dannemann, M. & Kelso, J. 2017. The Contribution of Neanderthals to Phenotypic Variation in Modern Humans. *The American Journal of Human Genetics*. 101: 578-589.

De Menocal, P.B. 2011. Climate and Human Evolution. *Science*. 331: 540-542.

De Menocal, P.B. y Stringer, C. 2016. Climate and the peopling of the world. *Nature*. 538: 49-50.

Galway-Witham, J. & Stringer, C. 2018. How did *Homo sapiens* evolve? *Science*. 360(6395): 1296-1298.

García-Martínez, D., Torres-Tamayo, N., García-Río, F., Torres-Sánchez, M., Rosas, A., Bastir, M., Palacar, C.A. y Ansón, M. 2020. Los neandertales y su capacidad pulmonar. ¡Fundamental! 33: 144.

Gibbons, A. 2011. Who Were the Denisovans? *Science*. 333: 1084-1087.

Gibbons, A. & Pennisi, E. 2013. How a Fickle Climate Made Us Human. *Science*. 341: 474-479.

Gowlett, J.A.J. 2016. The Discovery of fire by humans: a long and convoluted process. *Philos Trans R Soc Lond B Biol Sci*. 371(1696): 20150164.

Gunz, P., Neubauer, S., Falk, D., Tafforeau, P., Le Cabec, A., Smith, T.M., Kimbel, W.H., Spoor, F. y Alemseged, Z. 2020. *Australopithecus afarensis* endocast suggest ape-like brain organization and prolonged brain growth. *Science Advences*. 6(14): eaaz4729.

Haas, R., Watson, J. Et al. 2020. Female hunters of the early Americas. *Science Advances*. 6(45): eabd0310.

Hershkovitz, I. et al. 2018. The earliest modern humans outside Africa. *Science*. 359(6374): 456459.

Kimbel, W.H. 2009. The Origin of *Homo*. En: *The First Humans: Origin and Early Evolution of the Genus* Homo. Grine, F.E. et al. (Eds). Springer Science+Business Media.

Maslin, M.A., Brierley, C.M., Milner, A.M., Shultz, S., Trauth, M.H. y Wilson, K.E. 2014. East African climate pulses and early human evolution. *Elsevier: Quaternary Science Reviews*. 101: 117.

Maslin, M. 2017. *The Cradle of Humanity: How the changing landscape of Africa made us so smart*. Oxford: Oxford University Press. 253 pp.

Migliano, A.B. Et al. 2020. Hunter-gatherer multilevel sociality accelerates cumulative cultural evolution. *Science Advances*. 6(9): eaax5913.

Mounier, A. & Mirazón Lahr, M. 2019. Deciphering African late middle Pleistocene hominin diversity and the origin of our species. *Nature Communications*. 10: 3406.

Noonan, J.P. et al. 2006. Sequencing and Analysis of Neanderthal Genomic DNA. *Science*. 314: 1113-1118.

Luo, Z. 2007. Transformation and diversification in early mammal evolution. *Nature*. 450: 10111019.

Parins-Fukuchi, C., Greiner, E., MacLatchy, L.M. y Fisher, D.C. 2019. Phylogeny, ancestors, and anagenesis in the hominin fossil record. *Paleobiology*. 45(2): 378-393.

Price, M. 2020. Africans, too, carry Neanderthal genetic legacy. *Science*. 367(6477): 497.

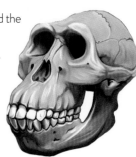

Serre, D. & Pääbo, S. 2004. Evidence for Gradient of Human Genetic Diversity Within and Among Continents. *Genome Res.* 14: 1679-1658.

Sills, J. 2007. The Origins of Human Bipedalism. *Science.* 318: 1065.

Stringer, C. 2016. The origin and evolution of *Homo sapiens. Phil. Trans. R. Soc. B.* 371: 20150237.

Stringer, C. & Galway-Witham, J. 2018. When did modern humans leave Africa? *Science.* 359(6374): 389-390.

Sussman, R.W., Rasmussen, D.T. y Raven, P.H. 2013. Rethinking Primate Origins Again. *American Journal of Primatology.* 75: 95-106.

Tierney, J.E., deMenocal, P.B. y Zander, P.D. 2017. A climatic context for the out-of-Africa migration. *The Geological Society of America.*45(11): 1023-1026.

Timmermann, A. 2020. Quantifying the potencial causes of Neanderthal extinction: Abrupt climate change versus competition and interbreeding. *Elsevier: Quaternary Science Reviews.* 238: 1-14.

Trauth, M.H. et al. 2010. Human evolution in a variable environment: the amplifier lakes of Eastern Africa. *Quaternary Science Reviews.* 29: 2981-2988.

Villmoare, B. et al. 2015. Early *Homo* at 2.8 Ma from Ledi-Geraru, Afar, Ethiopia. *Science.* 347(6228): 1352-1355.

Vogel, G. 2018. Ancient DNA reveals tryst between extinct human species. *Science.* 361(6404): 737.

Welker, F. et al. 2020. The dental proteome of *Homo antecessor. Nature.* 580: 235-238.

White, T.D., Lovejoy, C.O., Asfaw, B., Carlson, J.P. y Suwa, G. 2015. Neither chimpanzee nor human, *Ardipithecus* reveals the surprising ancestry of both. *PNAS.* 112(16): 4877-4884.

Whiten, A. 2019. Cultural Evolution in Animals. *Annual Review of Ecology, Evolution and Systematics.* 50: 1-22.

CRÉDITOS FOTOGRÁFICOS

Página 32 inferior izquierda: Takashi Images. (Shutterstock) • Página 34 inferior izquierda: Sergey Goryachev. (Shutterstock) • Página 38 superior: Simone Migliaro. (Shutterstock) • Página 39 superior izquierda: Faviel_Raven. (Shutterstock) • Página 40 superior: Simone Migliaro. (Shutterstock) • Página 40 inferior: CC BY-SA 3.0 • Página 53 inferior arriba y abajo: IR Stone. (Shutterstock) • Página 55 superior centro: Danny Ye. (Shutterstock) • Página 56 inferior: Marcio Jose Bastos Silva. (Shutterstock) • Página 57 superior centro: Danny Ye. (Shutterstock) • Página 57 superior derecha: Juan Aunion. (Shutterstock) • Página 59 superior izquierda: IvanGrabilin. (Shutterstock) • Página 59 superior centro: frantic00. (Shutterstock) • Página 59 superior derecha: Juan Aunion. (Shutterstock) • Página 63 inferior: Juan Aunion. (Shutterstock) • Página 65 inferior: Andrii Zastrozhnov. (Shutterstock) • Página 69 inferior centro: Juan Aunion. (Shutterstock) • Página 71 superior centro: meunierd. (Shutterstock) • Página 73 superior izquierda: CC BY 4.0. • Página 75 superior izquierda: frantic00. (Shutterstock) • Página 75 superior derecha: Natursports. (Shutterstock) • Página 77 superior izquierda: Juan Aunion. (Shutterstock) • Página 78 inferior: Natursports. (Shutterstock) • Página 79 superior izquierda: Natursports. (Shutterstock) • Página 79 superior centro: Juan Aunion. (Shutterstock) • Página 79 superior derecha: Marcio Jose Bastos Silva. (Shutterstock) • Página 81 superior izquierda: meunierd. (Shutterstock) • Página 81 superior centro: Marcio Jose Bastos Silva. (Shutterstock) • Página 85 superior derecha centro: IR Stone. (Shutterstock) • Página 86 inferior derecha: Danny Ye. (Shutterstock) • Página 87 superior derecha: Marla_Sela. (Shutterstock) • Página 88 inferior: Takashi Images. (Shutterstock) • Página 89 superior centro: lorenza62. (Shutterstock) • Página 89 superior derecha: frantic00 (Shutterstock) • Página 89 inferior: icosha. (Shutterstock) • Página 90 inferior izquierda: Andrii Zastrozhnov. (Shutterstock) • Página 91 superior: IR Stone. (Shutterstock) • Página 98 superior: CC BY 4.0 • Página 107 superior izquierda: life_in_a_pixel. (Shutterstock) • Página 109 superior izquierda: Benjamin Clapp (Shutterstock) • Página 112 superior: Cristan pago74. (Shutterstock) • Página 113 superior centro: IvanGrabilin. (Shutterstock) • Página 114 inferior: ChicagoPhotographer. (Shutterstock) • Página 115 superior derecha: Marcio Jose Bastos Silva. (Shutterstock) • Página 123 superior centro: Juan Aunion. (Shutterstock) • Página 123 superior derecha: Juan Aunion. (Shutterstock) • Página 130 inferior abajo: federico neri. (Shutterstock) • Página 131 superior: federico neri. (Shutterstock) • Página 132 inferior: Aleksandra H. Kossowska (Shutterstock) • Página 135 superior izquierda: JHVEPhoto. (Shutterstock) • Página 137 superior derecha: frantic00. (Shutterstock) • Página 138 inferior izquierda: Michael Gordon. (Shutterstock) • Página 138 inferior derecha: Gil.K. (Shutterstock) • Página 140 inferior: GUDKOV ANDREY. (Shutterstock) • Página 141 superior izquierda y derecha: LegART. (Shutterstock) • Página 143 superior: Zzvet. (Shutterstock) • Página 145 inferior: Benjamin Clapp. (Shutterstock) • Página 148 inferior: AKKHARAT JARUSILAWONG. (Shutterstock) • Contracubierta: IR Stone. (Shutterstock) Solapa derecha: Danny Ye / Shutterstock.com.